D1677474

Eine Arbeitsgemeinschaft der Verlage

Böhlau Verlag · Köln · Weimar · Wien
Verlag Barbara Budrich · Opladen · Farmington Hills
facultas.wuv · Wien
Wilhelm Fink · München
A. Francke Verlag · Tübingen und Basel
Haupt Verlag · Bern · Stuttgart · Wien
Julius Klinkhardt Verlagsbuchhandlung · Bad Heilbrunn
Lucius & Lucius Verlagsgesellschaft · Stuttgart
Mohr Siebeck · Tübingen
Nomos Verlagsgesellschaft · Baden-Baden
Orell Füssli Verlag · Zürich
Ernst Reinhardt Verlag · München · Basel
Ferdinand Schöningh · Paderborn · München · Wien · Zürich
Eugen Ulmer Verlag · Stuttgart
UVK Verlagsgesellschaft · Konstanz
Vandenhoeck & Ruprecht · Göttingen · Oakville
vdf Hochschulverlag AG an der ETH Zürich

Fritz Wrba, Helmut Dolznig, Christine Mannhalter

Genetik verstehen

Grundlagen der molekularen Biologie

2., aktualisierte Auflage

facultas.wuv

Univ.-Prof. Dr. Fritz Wrba
Klinisches Institut für Pathologie, Medizinische Universität Wien;

Priv.-Doz. Mag. Dr. Helmut Dolznig
Institut für Medizinische Genetik, Medizinische Universität Wien;

Univ.-Prof. DI Dr. Christine Mannhalter
Klinische Abteilung für Medizinisch-chemische Labordiagnostik,
Medizinische Universität Wien;

Bibliografische Information der Deutschen Nationalbibliothek

Die Deutsche Nationalbibliothek verzeichnet diese Publikation in der
Deutschen Nationalbibliografie; detaillierte bibliografische Daten sind
im Internet über http://dnb.d-nb.de abrufbar.

2., aktualisierte Auflage 2011
Copyright © 2007 Facultas Verlags- und Buchhandels AG,
Berggasse 5, 1090 Wien, Österreich
facultas.wuv Universitätsverlag
Alle Rechte, insbesondere das Recht der Vervielfältigung und der
Verbreitung sowie das Recht der Übersetzung, sind vorbehalten.
Grafiken: Helmut Dolznig
Umschlagbild: © Gregory Spencer, istockphoto.com
Satz + Druck: Facultas Verlags- und Buchhandels AG
Einbandgestaltung: Atelier Reichert, Stuttgart
Umschlagbild: Contrast
Printed in Austria

UTB-Band-Nr.: 8332
ISBN 978-3-8252-8477-0

Vorwort zur zweiten Auflage

Die positive Aufnahme der Erstauflage veranlasste Verlag und Autoren eine 2. Auflage zu erstellen. Das gesamte Gebiet der Genetik unterliegt einer raschen Entwicklung, sodass regelmäßige Aktualisierungen des Inhalts erforderlich sind. In der vorliegenden überarbeiteten Auflage haben wir, soweit möglich, diesem Rechnung getragen. Der Großteil der Kapitel wurde überarbeitet und in einzelnen Bereichen durch neue Fakten ergänzt. Dies betrifft vor allem den methodischen Teil des Buches. In der Neuauflage wurde weiters das Gebiet der Pharmakogenetik inkludiert, das sich immer stärker als Basis von Therapieentscheidungen etabliert. Viele graphische Darstellungen wurden modifiziert und verständlicher gestaltet. Wir sind dem ursprünglich gewählten Konzept der Vermittlung von Grundlagen in verständlicher Form und der Zielgruppe an LeserInnen treu geblieben.
Wir hoffen mit unserem Buch auch in Zukunft dazu beitragen zu können, das Interesse an dem weiten Feld der Genetik zu wecken und zu vertiefen.

Wir bedanken uns herzlich für die freundliche Unterstützung des facultas.wuv Universitätsverlages und für die professionelle Betreuung durch die Programmleiterin für Medizin & Naturwissenschaften Frau Dr. S. Neulinger.

Im Mai 2011   F. Wrba
                                               H. Dolznig
                                               C. Mannhalter

Vorwort

Liebe Leserinnen und Leser!

Wir als Verfasser dieses Buches sind der Absicht gefolgt, ein kompaktes Buch für alle jene Menschen zu schreiben, die sich einen Überblick über die Grundlagen der molekularen Genetik machen wollen, und die gleichzeitig auch wissen wollen, welche Techniken und Untersuchungsmethoden in genetischen Labors zur Anwendung kommen.

Die LeserInnen werden auch über Möglichkeiten und Grenzen der molekularen Untersuchungen informiert, auf ethische und rechtliche Aspekte wird hingewiesen, auf Anforderungen an Qualitätsaspekte aufmerksam gemacht und in das moderne Thema der Biobanken eingeführt.

Unser Wunsch, auf all diese wichtigen Aspekte einzugehen, brachte es mit sich, dass keines der Themen allumfassend abgehandelt werden konnte. Dies war auch nicht unsere Absicht. Vielmehr sollte ein Buch geschaffen werden, das die verschiedenen Facetten der molekularen Genetik aufzeigt.

Das Buch erklärt in verständlicher Form die Grundlagen der Molekularbiologie, ist einfach gehalten und verzichtet bewusst auf tiefes Eindringen in komplexe Zusammenhänge.

Es ist hinsichtlich seines Inhalts sicher einzigartig, da die am Markt verfügbaren Bibliographien sich entweder mit Grundlagen oder mit Anwendungstechniken befassen.

Unsere Intention war es, die Leser anzuregen, sich mit jenen Themen, die bei der Lektüre des Buches das Interesse geweckt haben, intensiver auseinanderzusetzen. Dies gilt besonders für den letzten Teil des Buches, in dem Beispiele aus der molekularen Diagnostik von Erkrankungen und ethische und rechtliche Themen besprochen werden.

Im Oktober 2006

F. Wrba
H. Dolznig
C. Mannhalter

Inhaltsverzeichnis

Grundlagen

1 Einleitung 15
   1.1 Molekulargenetik 15
   1.2 Vererbungslehre 16
   1.3 Populationsgenetik 16
   1.4 Inhalt und Ziel dieses Buches 18
   1.5 Geschichtlicher Überblick 18

2 Die Zelle 23
   2.1 Einleitung 23
   2.2 Eigenschaften des Lebens 24
   2.3 Aufbau und Funktion einer Zelle 27
      2.3.1 Prokaryotische/eukaryotische Zellen 27
      2.3.2 Aufbau einer Zelle 30
         Zellmembran 31
         Zytoplasma 35
         Zytoskelett 35
         Zellkern (Nukleus) 35
         Organellen 36
   2.4 Struktur der DNA 42
   2.5 Chromosomen 51
      2.5.1 Eukaryotische Chromosomen 51
         Zentromere 53
         Gene 54
         Allele 55
         Telomere 55
      2.5.2 Prokaryotische Chromosomen 58
         Plasmide 59
   2.6 Zellteilung, Replikation, Zellreifung und Zelltod 61
      2.6.1 Zellteilung 61
         Zellzyklus 62
         Mitose 65
         Meiose 65
      2.6.2 Replikation 67
      2.6.3 Zellreifung (Differenzierung) 72
      2.6.4 Zelltod (Apoptose) 72
   2.7 Genexpression 73
      2.7.1 Einleitung 73

2.7.2 Transkription 75
Matrizenstrang und kodierender Strang 76
Promoter 77
RNA-Polymerasen und Transkriptions-
faktoren 78
Elongation 85
Capping 87
Termination 87
Polyadenylierung 90
Untranslierte Regionen (UTR) 90
RNA-Spleißen (RNA Splicing) 90
Alternatives Spleißen 93
2.7.3 Translation 94
Codons 95
tRNA 97
Ribosomen 98
Translation 99
Unterschied zwischen prokaryotischer und
eukaryotischer Translation 100
Mikro RNAs (miRNAs) 104

Methoden zur Untersuchung der genetischen Information

3 Zytogenetik und Chromosomenanalyse 109
3.1 Allgemeines 109
3.2 Erstellen eines Karyogramms 110
3.3 Fluoreszenz in situ-Hybridisierung (FISH) 112

4 Untersuchung von DNA 114
4.1 Gewinnung genomischer DNA 114
4.1.1 Allgemeines 114
4.1.2 DNA-Isolierungsverfahren 114
4.2 Vermehrung von DNA – das Arbeiten
mit Plasmiden 117
4.3 Analytik der DNA 120
4.3.1 Röntgenstrukturanalyse 120
4.3.2 Elektronenmikroskopie 121
4.3.3 Enzymatische und chemische Methoden 121
4.3.4 Elektrophorese 124
4.3.5 Anfärbung von Nukleinsäuren nach
Gelelektrophorese 128
Moderne Analyseverfahren 130

4.3.6   Dokumentation und Mengenabschätzung
der DNA 131
4.4 Hybridisierungsmethoden 132
4.4.1   Prinzip 132
4.4.2   Southern Blot 134
4.5 Polymerase Kettenreaktion (PCR) 139
4.5.1   Qualitative PCR 139
4.5.2   Quantitative PCR 145
4.5.3   LightCycler® System 147
4.6 DNA-Sequenzierung 148
4.6.1   Cycle-Sequencing 152
4.6.2   Sequenzierung durch Hybridisierung
am Mikrochip 154
Moderne Sequenzierverfahren 154
4.7 Analyse genetischer Varianten – Gentypisierung 156
4.7.1   Single Nucleotide Polymorphism (SNP) 157
4.7.2   Nachweis von Single Nucleotide
Polymorphismen 158

5 Untersuchung von RNA 162
5.1 Allgemeines 162
5.2 Gewinnung der RNA 162
5.3 Analyse von RNA 163
5.3.1   Northern Blot 163
5.3.2   PCR mit RNA-Molekülen 164
5.3.3   Expressionsanalysen mittels Mikrochips 167
5.4 Bioinformatik 169

Anwendungen von DNA- und RNA-Untersuchungen

6 Nukleinsäureanalysen in der Medizin – Diagnostik
von Erkrankungen 173
6.1 Allgemeines 173
6.2 Begriffsdefinitionen 174
6.3 Vererbungsmuster 177
6.4 Gentests 178

7 Molekularbiologische Labordiagnostik mittels Analyse
der DNA 181
7.1 Allgemeines 181
7.2 Qualitätssicherung, Präanalytik 181
7.3 Nachweis von Mutationen 182

8   Anwendungsbeispiele 185
    8.1   Molekularbiologische Untersuchungen bei
          angeborenen Erkrankungen 185
          8.1.1   Monogenetische Erkrankungen 185
          8.1.2   Genetische Analysen bei polygenetischen
                Erkrankungen 189
    8.2   Molekularbiologische Untersuchungen bei Krebs-
          erkrankungen 190
          8.2.1   Hereditäre Krebserkrankungen 192
          8.2.2   Molekularbiologische Untersuchungen bei
                erworbenen Tumorerkrankungen 194
          8.2.3   Molekulargenetische Untersuchungen
                bei Prostatakrebs 194
    8.3   Pharmakogenetik 196

9   Standardisierung molekulargenetischer Methoden 198

10   Ethische und rechtliche Aspekte bei der Durchführung
    von Genanalysen 199
    Rechtliche Rahmenbedingungen 199
    Ethische Aspekte 201

11   Biobanken 204

Weiterführende Literatur 207
Index 209

Erklärungen zu den Abbildungen

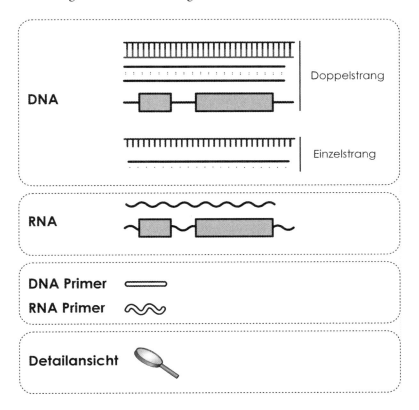

Um das Verständnis der Materie zu erleichtern sind die Abbildungen in diesem Buch so gestaltet, dass gleiche Molekülfamilien immer in derselben Art gezeichnet sind. Doppelstrang-DNA wird je nach Inhalt der darzustellenden Reaktionen entweder als Strickleiter, als Doppellinien mit angedeuteten Basenpaarungen oder – für die Darstellung von Genstrukturen – als Strich mit Boxen schematisiert. Um RNA von DNA deutlich unterscheidbar zu machen, ist sie immer als Wellenlinie dargestellt. Primer werden als weiße Linien (DNA) oder Wellenlinien (RNA) mit schwarzer Umrandung dargestellt. Eine Lupe symbolisiert, dass eine bestimmte Struktur bzw. Reaktion detaillierter betrachtet wird.

Grundlagen

1 Einleitung

Die Genetik ist ein Teilgebiet der biologischen Wissenschaften, mit dem Ziel, den Aufbau und die Funktion von Genen sowie deren biologische Funktion zu erforschen. Heute weiß man, dass praktisch alle biologischen Zellvorgänge einer genetischen Steuerung unterliegen. Diese Erkenntnis, dass die Grundlage allen Lebens in den Genen liegt, hat die biologischen Wissenschaften neu positioniert und die Sicht auf die Entstehung von Krankheiten und deren Ursachen entscheidend verändert. Die von dem deutschen Pathologen *Rudolf Virchow* (1821–1902) im Jahr 1855 aufgestellte These, dass sich alle Zellen eines Organismus nur aus lebenden Zellen entwickeln können, wurde zu einem noch heute gültigen Dogma der Zellbiologie (*omnis cellula e cellula*).

Rudolf Virchow

Zahlreiche Forschungsgruppen arbeiten heutzutage an der Aufklärung der Genfunktionen nahezu aller Lebewesen (Viren, Bakterien, Pilze, Pflanzen, Tiere, Mensch). Aus den Ergebnissen können für die Humanmedizin wesentliche Einsichten über die Entstehung von Krankheiten und deren mögliche Therapien erwartet werden.

Auch die Gesellschaft wurde (und wird laufend) durch die neuen Erkenntnisse und Möglichkeiten der modernen Genetik verändert. Die rasch voranschreitende Entwicklung der methodischen Möglichkeiten der Gentechnik stellt für uns alle eine der größten ethischen Herausforderungen in der Geschichte der Menschheit dar.

Die Genetik wird in 3 Hauptbereiche unterteilt:
* Molekulargenetik
* Vererbungslehre
* Populationsgenetik

1.1 Molekulargenetik

Die Molekulargenetik untersucht die (molekularen) Strukturen und Funktionen der Gene. Erforscht wird:
* wie die in den Genen gespeicherten Informationen den biologischen Ablauf von Zellen oder auch Viren steuern;
* wie diese Informationen durch Zellteilung und Vermehrung weitergegeben werden;
* welche Auswirkungen Genveränderungen auf die Biologie von Zellen haben;
* welche Möglichkeiten bestehen, diese Erkenntnisse durch gentechnologische Methoden zu nutzen.

Durch diese komplexen Aufgabenbereiche und durch die Beantwortung mancher essentieller Fragen der Grundlagen des Lebens ist die Molekulargenetik in den letzten Jahrzehnten zur führenden Disziplin in den biologischen Wissenschaften geworden.

1.2   Vererbungslehre

In der Vererbungslehre wird die Genübertragung innerhalb von aufeinanderfolgenden Generationen analysiert, und deren Auswirkung auf erfassbare, d. h. sichtbare und erkennbare Merkmale (= phänotypische Merkmale), ergründet. Die Vererbungslehre baut auf den *Mendel'schen Erbgesetzen* auf, und steht heutzutage an der Basis der Molekulargenetik.

Mendel'sche
Erbgesetze

1.3   Populationsgenetik

Die Populationsgenetik untersucht die Häufigkeit von Genmerkmalen in bestimmten Bevölkerungsgruppen/Populationen (Population: Kollektiv von Individuen gleicher Artzugehörigkeit). Dies betrifft den Nachweis und die Weitergabe genetischer Informationen von Generation zu Generation. Dabei sind sowohl nicht krankhafte Genvarianten als auch krankhafte Genveränderungen von Interesse. Die Zukunft der Populationsgenetik liegt mit großer Wahrscheinlichkeit in der Erstellung von **Biobanken**. Es handelt sich dabei um systematisch erfasste genetische Daten, mit deren Hilfe man erhofft, wichtige Informationen, beispielsweise über den Zusammenhang zwischen genetischen Ausstattungen, Umwelteinflüssen und Entstehungen von Krankheiten, zu erhalten. Dies betrifft nicht nur die Daten humaner Populationen, bei denen die Erstellung aus ethischen Gründen nicht unumstritten ist, sondern auch die von pflanzlichen und tierischen Populationen.

Biobanken

Island Genome
Projekt

Biobanken
Ein Beispiel einer humanen Biobank stellt das **Island Genome Projekt** dar: Im Jahr 1998 wurde vom isländischen Parlament die Erstellung einer zentralen Biobank bewilligt. Die Rechte für die Erstellung und Nutzung der Datenbank wurden an eine private Firma abgegeben. Erhoben und gespeichert wurden neben genealogischen und medizinischen Informationen auch genetische Daten. Dies erforderte die Durchführung von Genanalysen in großem Rahmen. Interessanterweise befürwortete anfänglich, trotz heftiger öffentlicher Diskussionen, der Großteil der Bevölkerung die Durchführung des Projekts, sodass in naher Zukunft Island über die größte Biobank verfügen wird, die genealogische Daten mit Krankheitsdaten und Gensequenzdaten verknüpft. Mit diesem Projekt erhoffte man sich Aufschluss über bestimmte Krankhei-

ten und die dafür verantwortlichen Gene zu bekommen. Auf Grund der den Biobanken allgemein innewohnenden Schwierigkeiten, betreffend Datenschutz und gerechte Nutzung der Daten, ist das mit großer Ambition begonnene Projekt im Jahr 2004 zum Stillstand gekommen. Nichtsdestotrotz ist es gelungen einige krankheitsassoziierte Gene zu identifizieren, wie beispielsweise das Gen PDE4D. Wenn dieses Gen in Variationsformen vorliegt, erhöht es das Risiko, einen Schlaganfall zu erleiden. Diese Daten konnten bereits in einer schottischen Population, und somit außerhalb Islands, bestätigt werden. Warum ausgerechnet Island? Die ursprüngliche Begründung für die Durchführung eines derartig umfassenden Projekts lag darin, dass Islands Bevölkerungsanzahl niedrig ist und in seiner Struktur eine homogene Population darstellt.

Islands Einwohnerzahl beträgt 280.000. Generations- und Familienbewusstsein sind ein wichtiger Bestandteil der isländischen Kultur. Vom Großteil der Bevölkerung gibt es genaue Aufzeichnungen über deren Herkunft, Familie, Abstammung und auch Krankheiten. Die Familienstammbäume sind über viele Generationen, weit in die Vergangenheit zurück (teilweise bis in das 9. Jahrhundert!) verfolgbar, wodurch wichtige genealogische Daten gesammelt wurden.

Die besondere geografische Lage der Insel machte in der Vergangenheit Migrationen der Bevölkerung nahezu unmöglich. Dadurch ist die Population Islands in einem hohen Maß homogen geblieben. Es kann davon ausgegangen werden, dass der Großteil der derzeit auf Island lebenden Menschen noch von den Wikingern und Kelten abstammt, die vor ca. 1200 Jahren die Insel besiedelten.

280.000 Einwohner,
isolierte Lage

Abb. 1: Biobank Island: Die überschaubare Zahl an Einwohnern, das Familienbewusstsein und die isolierte Lage machen Island zum optimalen Land für den Aufbau einer Biobank

Mittlerweile sind auch in zahlreichen anderen europäischen Ländern Biobanken installiert, deren Daten im Sinne einer pan-europäischen Biobank über eine eigene Plattform, der BBMI (Biobanking and Biomolecular Resources Research Infrastucture: http://www.bbmri.eu/index.php/home), zusammengeführt werden sollen.

1.4 Inhalt und Ziel dieses Buches

Im vorliegenden Buch werden Grundlagen der Molekulargenetik und Molekularbiologie dargelegt. Es wird absichtlich auf tiefgehende Details verzichtet und manche Zusammenhänge werden simplifiziert dargestellt, um eine leichte Verständlichkeit zu gewährleisten. Aspekte der Vererbungslehre sind dann berücksichtigt, wenn ein unmittelbarer Bezug zu einem Thema hergestellt werden kann. Das komplexe Gebiet der Populationsgenetik wird nicht behandelt.

1.5 Geschichtlicher Überblick

Die Genetik ist so alt wie die Menschheit. In zahlreichen Mythen und auch Religionen treten Mischwesen auf, die der Kreuzung von Tieren unterschiedlicher Art sowie auch von Mensch und Tieren entsprechen: die Sphinx (Frauenkopf, Löwenkörper mit Vogelschwingen), Pegasus (geflügeltes Pferd) oder Horus (Mann mit Falkenkopf) sind Beispiele dafür. Neben den Fantasiegebilden, deren Existenz im Irrationalen zu suchen ist, war die Zucht von Kulturpflanzen aus deren Wildformen, ebenso wie das Domestizieren von wilden Tieren Realität. Die so angewandte Genetik stellte eine gezielte Selektion aus *a priori* vorhandenen Organismen und Lebewesen dar, was für die Entwicklung der Menschheit von großer Bedeutung war.

Matthias Jakob Schleiden

- Erste wesentliche Erkenntnisse über die Bedeutung von Zellen gehen auf den deutschen Botaniker *Matthias Jakob Schleiden* (1804–1881) zurück. Im Jahr **1838** stellte er eine Theorie auf, in der er für Pflanzen als deren eigentlichen Baustein die Zelle annahm. Mit dieser Zelltheorie wurde er zu einem der Begründer der modernen Botanik. Ein Jahr später, **1839**, erweiterte sein Freund, der Histologe *Theodor Schwann* (1810–1882) diese Aussage auch auf die tierischen Organismen. Schwann wird heutzutage als „Vater der modernen Zellbiologie" angesehen.

Theodor Schwann

Charles Darwin

- *1859* veröffentlichte *Charles Darwin* sein revolutionäres Buch „Über die Entstehung der Arten durch natürliche Selektion" (*„On the Origin of Species by Means of Natural Selection"*) und begründete damit die **moderne Evolutionstheorie**.

Evolutionstheorie
Gregor Johann Mendel

- *1865* berichtete der Augustinermönch *Gregor Johann Mendel* in Brünn über die Ergebnisse seiner Kreuzungsversuche mit Gartenerbsen („Versuche über Pflanzen-Hybriden"). 1866 erschien darüber in den „Verhandlungen des Naturforschenden Vereins in Brünn für das Jahr 1865" eine Abhandlung. Durch „seine" **Erb-**

Erbgesetze

gesetze begründete Mendel die moderne Genetik und ergänzte damit, möglicherweise ohne dies im Sinn gehabt zu haben, Darwins Theorie.

Kreuzung: Elterngeneration
(Parentalgeneraion, P)

Tochtergeneration
(erste Filialgeneration, F1)

Abb. 2: Kreuzungsversuche mit Erbsen: Bei der Kreuzung von runden, gelben (hier hellgrau) und runzeligen, grünen (hier dunkelgrau) Erbsen entstehen alle möglichen Kombinationen der beiden Merkmale, Farbe und Aussehen in der ersten Generation (oder erste Filialgeneration, F1).

- *1869* isolierte *Johann Friedrich Miescher* aus menschlichen Eiterzellen, die er aus dem Verbandmaterial von Verwundeten des Krimkrieges gewonnen hatte, große Moleküle, die er „Nukleine" nannte. Dem Zellkern, Nukleus, entstammend, bestand dieser Extrakt sicherlich aus einem Gemisch von DNA, RNA und Proteinen. In seiner Publikation „*Ueber die chemische Zusammensetzung der Eiterzellen*" in Hoppe-Seyler's medizinisch-chemischen Untersuchungen (1871) beschrieb er als **Erster die Extraktion von Nukleinsäuren.**

- *1879* beobachtete *Walther Fleming* in Zellkernen anfärbbare Strukturen, die er als **„Chromatin"** bezeichnete, und die in Folge Chromosomen benannt wurden (abgeleitet von *chroma*, dem griechischen Wort für Farbe). Durch seine Beschäftigung mit der Zellteilung entdeckte er, dass das „Chromatin" den Teilungsvorgang als stäbchenförmige Strukturen mitmachte, und auf die nachfolgende Zellgeneration aufgeteilt wurde. Eine Zusammenfassung seiner Beobachtungen veröffentlichte er 1882. Den Vorgang der Zellteilung bezeichnete er als „Karyomitose" und etwas später als **„Mitose".**

- *1902* stellte *Archibald E. Garrod* die Hypothese auf, dass die **Fähigkeit des menschlichen Körpers Enzyme zu bilden vererbt sei.** Er ging von Beobachtungen an Familien mit an Alkaptonurie erkrankten Mitgliedern aus. (Alkaptonurie ist ein angeborener Enzymdefekt, bei dem es durch Lichteinfluss zu einer Verfärbung des Harns kommt).
1923 veröffentlichte er das Buch „*Inborn Errors of Metabolism*", in dem er mehrere **vererbte Enzymdefekte** beschrieb. Er begründete damit quasi die biochemische Genetik.

Johann Friedrich Miescher

Walther Fleming

Archibald E. Garrod

vererbte Enzymdefekte

Hardy-Weinberg-Verteilung

- *1908* erkannten *Hardy und Weinberg*, unabhängig voneinander, ein Prinzip, nach dem die **Verteilung von Erbmerkmalen** in Populationen **mathematisch beschrieben** werden konnte – die Hardy-Weinberg-Verteilung. Die moderne Populationsgenetik war entstanden.

J. Bell
J. S. Haldane

- *1937* veröffentlichen *Julia Bell* und *John B. S. Haldane* Ergebnisse über die **gemeinsame Vererbung zweier Erbkrankheiten**, der Farbenblindheit und der Hämophilie (*„The Linkage between the Genes for Colour-blindness and Haemophilia in Man"*). Das von *Thomas H. Morgan* erstmals 1911 bei der Fruchtfliege beschriebene Phänomen der Linkage von benachbarten Genen, die gemeinsam vererbt werden, wurde dadurch auch beim Menschen bestätigt

Linkage

(Linkage – Tendenz von zwei Genen, die nahe auf ein und demselben Chromosom liegen, während der Meiose gemeinsam weitergegeben zu werden).

O. T. Avery
DNA als Erbsubstanz

- *1944* identifizierte *Oswald Th. Avery* die **Desoxyribonukleinsäure (DNA) als eigentliche Erbsubstanz**. Gemeinsam mit *Colin M. McLeod* und *Maclyn McCarty* konnte er zeigen, dass durch die DNA von krankheitserregenden Bakterien (Pneumokokken) deren pathogene Eigenschaften auf andere, nicht pathogene Bakterien übertragen werden konnten. Die Übertragung der Pathogenität gelang jedoch nicht, wenn DNA verwendet wurde, die vorher enzymatisch zerstört worden war.

James D. Watson
Francis H. C. Crick
Modell der DNA

- *1953* stellten *James D. Watson* und *Francis H. C. Crick* das **Modell der DNA** vor. Sie beschrieben nicht nur die **Doppelhelix** als Molekülstruktur, sondern erkannten auch, dass diese Struktur nur dann möglich ist, wenn die komplementären Nukleotide der gegenüberliegenden Stränge in bestimmten Kombinationen aneinander gebunden werden (A:T, G:C). Ebenso erkannten sie, dass dadurch die Voraussetzung für die idente Neubildung eines DNA-Strangs entlang eines bereits vorliegenden „alten" Stranges gegeben ist (semikonservative Replikation). Die Publikation in der Zeitschrift Nature, einer renommierten englischen Naturwissenschaftszeitschrift, beginnt einleitend: *We wish to suggest a structure for the salt of deoxyribose nucleic acid (D.N.A.). This structure has novel features which are of considerable biological interest.*

Strukturanalysen der DNA
Maurice Wilkins
Rosalind Franklin

Eng verbunden mit der Erkenntnis von Watson und Crick waren die Ergebnisse von **röntgen-kristallographischen Strukturanalysen der DNA**, die, unabhängig voneinander, von *Maurice Wilkins* und *Rosalind Franklin* gefunden wurden, und die, gemeinsam mit der Arbeit von Watson und Crick, in der selben Ausgabe der Zeitschrift Nature veröffentlicht wurden.

Wilkins erhielt gemeinsam mit Watson und Crick im Jahr 1962 den Nobelpreis für die Aufklärung der DNA-Struktur. Franklin selbst blieb zeitlebens im Schatten der drei späteren Laureati (Sie starb 1958 in jungen Jahren an Krebs. Da der Nobelpreis nicht posthum verliehen wird, konnte sie 1962 auch nicht mehr für ihren zweifellos bedeutenden Beitrag zur Aufklärung der DNA-Doppelhelix geehrt werden).

- *1956* entdeckte *Arthur Kornberg* die **DNA-Polymerase**, das Enzym der DNA-Synthese.

  Arthur Kornberg

- *1958* konnte die Hypothese von Watson und Crick, betreffend die **semikonservative Replikation von DNA** durch *Matthew Meselson und Franklin Stahl* bewiesen werden.

  Replikation von DNA

- *1961* entwickelte *Marshall Nirnberg* mit seinem Postdoc *Heinrich Matthaei* ein *in vitro*-System, mittels dem es gelang den **genetischen Code** zu entschlüsseln (3 Nukleotide bilden eine Einheit, die einer bestimmten Aminosäure entspricht).

  genetischer Code

- *1962* entdeckten *Werner Arber* und *Daisy Dussoix* die **Restriktionsendonukleasen** als Schutzenzyme vor Fremd-(Bakteriophagen)-DNA.

  Restriktionsendonukleasen

- *1977* veröffentlichte *Frederic Sanger* eine Methode (Dideoxyoder Kettenabbruch-Methode) zur **Sequenzierung der DNA**. Eine andere Methode wurde von *Allan Maxam* und *Walter Gilbert* im selben Jahr publiziert.

  Sequenzierung der DNA

- *1983* begann *Kary Mullis* mit der **Entwicklung der PCR** (Polymerase chain reaction). „Es war ein Geistesblitz – bei Nacht, unterwegs auf einer mondbeschienenen Bergstraße, an einem Freitag im April 1983" schreibt Mullis über seine Idee, die im Jahr 1985 der Öffentlichkeit vorgestellt wurde. Durch die PCR wurde das methodische Spektrum zur Bearbeitung von DNA und RNA revolutionär erweitert. Mullis wurde für diese Entwicklung im Jahr 1993 mit dem Nobelpreis für Chemie ausgezeichnet.

  Entwicklung der PCR

  Kary Mullis

- *1990* wurde das U.S. *Human Genome Project (HGP)* gegründet. Ziele dieses Unternehmens waren unter anderem: die **Aufklärung der Sequenzen aller menschlicher Gene** und deren Speicherung in einer Datenbank. Genaue Informationen finden sich auf der Homepage des HGP *http://www.ornl.gov/sci/techresources/ Human_Genome/home.shtml*

  Sequenzen aller menschlicher Gene

- *1995* gelang es unter Leitung von *Craig J. Venter* das gesamte Genom des Bakteriums *Haemophilus influenzae* unter Einsatz der von ihm entwickelten „random shotgun"-Methode zu sequenzieren. 1999 begann Venter ebenfalls, unabhängig vom HGP, mit der Sequenzierung des menschlichen Genoms.

  Craig J. Venter

- Sowohl das öffentlich getragene Unternehmen des HGP, als auch das private Unternehmen von Venter (Celerea Genomics) berichteten im Jahr *2001*, den **Großteil des menschlichen Genoms entschlüsselt** zu haben. Die Daten des HGP wurden in einer Sonderausgabe des Wissenschaftsjournals Nature, die von Venter in einer Sonderausgabe von Science (dem US-amerikanischen Pendant zu Nature) gleichzeitig veröffentlicht. Die Publikationen dieser Ergebnisse wurden vor deren Veröffentlichung in einer gemeinsamen Pressekonferenz angekündigt.

2 Die Zelle

Die Desoxyribonukleinsäure (DNA; eine umfangreiche Beschreibung der DNA folgt im Kapitel 2.4) ist die Trägerin der Gesamtheit der Informationen und Steuerungsprogramme aller biologischen Zellvorgänge in allen Lebewesen, seien es selbstständige Lebewesen (Tiere, Pflanzen, Bakterien) oder unselbstständige Organismen (Viren). Zum besseren Verständnis über die Funktion von Genen wird deshalb in einem kurzen Kapitel auf wichtige Aspekte der Zellbiologie eingegangen.

2.1 Einleitung

Die DNA als „Matrize des Lebens" steuert die biologischen Vorgänge jeder einzelnen Zelle. Sie wird durch Vererbung von einer Generation auf die nächste weitergegeben, und sichert so deren Bestand. Jedes Lebewesen, und somit jeder Organismus, trägt in jeder seiner einzelnen Zellen dieselbe, individuelle DNA. Die Zellen verfügen somit über alle Gene, unabhängig davon, ob diese von der Zelle benötigt werden oder nicht. So ist zum Beispiel in den Zellen des Darms, die für die Aufnahme von Nährstoffen aus der Nahrung verantwortlich sind, die gleiche DNA enthalten, wie in den Zellen des Gehirns, deren Aufgabe unter anderem in der Weitergabe von Nervenreizen besteht. Die unterschiedliche Form und Funktion dieser Zellen wird dadurch erreicht, dass in den Darmzellen andere Gene aktiviert sind als in den Gehirnzellen (siehe Abb. 3). Diese differenziellen Genexpressionen sind das Ergebnis komplexer Regulationsmechanismen, die erst zu einem kleinen Teil aufgeklärt sind.

DNA als „Matrize des Lebens"

Es existieren aber auch Lebewesen, die nur aus einer einzigen Zelle bestehen (daher die Bezeichnung Einzeller); z. B. einzellige Lebewesen aus dem Reich der **Protisten** (das sind ein- oder wenigzellige Eukaryoten – z. B. Kieselalgen oder Amöben) und die **Bakterien**.

Einzeller

Spezialisierung
Da nicht jede Zelle alle Funktionen gleichermaßen erfüllen kann, kam es bei den mehrzelligen Lebewesen im Rahmen der Evolution zur Entwicklung von Organen. Je höher entwickelt ein Lebewesen ist, desto komplizierter ist auch dessen organischer Aufbau. Organe sind im Wesentlichen ein Verband von Zellen, deren Zusammenspiel spezielle Funktionen ermöglicht, und deren Strukturen den jeweiligen Aufgaben angepasst sind. Muskelzellen besitzen die Fähigkeiten sich zusammenzuziehen und zu entspannen, Nervenzellen vermögen elektrische Reize weiterzuleiten, endokrine Zellen produzieren Hormone, Darmzellen können Nährstoffe aufnehmen etc.

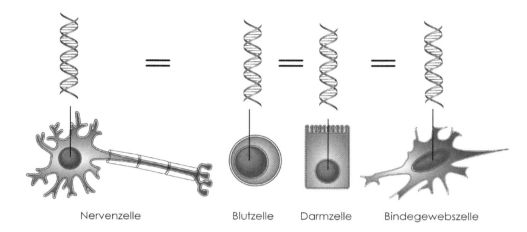

Nervenzelle   Blutzelle   Darmzelle   Bindegewebszelle

Abb. 3: Die DNA als Matrize des Lebens: Jede noch so unterschiedliche Zelle eines Organismus enthält die-selbe Erbinformation (symbolisiert durch das Ist-gleich-Zeichen zwischen der schematischen Darstellung der-selben DNA-Doppelhelix).

Beim Menschen sind es ca. 200 verschiedene Zelltypen, die unterschiedlichs-te Funktionen erfüllen.
Zur Veranschaulichung kann man sich das Beispiel eines Computernetzwer-kes eines Betriebes vorstellen. Jeder einzelne Computer verfügt jeweils über die gleiche Festplatte, auf der dieselbe komplexe Software gespeichert ist, die alle Programme enthält, die für die Gesamtfunktion des Betriebes notwendig sind (das entspricht der DNA), wie beispielsweise: Textverarbeitung, Bilanz, Statistik, Grafik, Fotodokumentation, Verrechnung etc. Je nach dem, welche Aufgabenstellung einer Abteilung zukommt, werden nur bestimmte Program-me benötigt und verwendet. In der Verrechnung werden beispielsweise Text-verarbeitung und Bilanz gebraucht und geöffnet vorliegen. In der Werbeabtei-lung sind es Programme der Fotodokumentation, sowie Text und Grafik. In der Buchhaltung werden Textverarbeitung und das Buchhaltungsprogramm verwendet usw. Die jeweilige Aufgabe der Abteilung gibt somit vor, welche der Programme aktiviert sind, und welche auf der Festplatte ungeöffnet inaktiv bleiben (siehe Abb. 4).

2.2 Eigenschaften des Lebens

Lebensvorgänge

Lebende Zellen/Organismen verfügen über bestimmte Fähigkeiten, die für alle wichtigen Lebensvorgänge notwendig sind. Diese Fähig-keiten werden als Eigenschaften des Lebens bezeichnet. Sie umfas-sen im Wesentlichen:

• Atmung
• Stoffwechsel (Nahrungsaufnahme, Verwertung und Speicherung, Ausscheidung)
• Vermehrung und Fortpflanzung

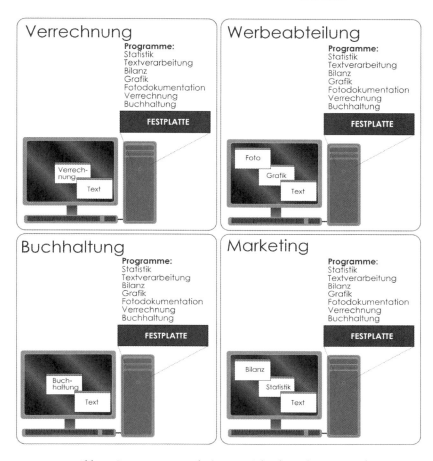

Abb. 4: Computernetzwerk eines Betriebs als analoges Beispiel

- Reaktionen auf Reize von außen (z. B. Licht, Wärme, Hormone etc.)

Der Ablauf der Lebensvorgänge wird durch die in den Genen gespeicherten Informationen/Programme ermöglicht und koordiniert.

Die Gene selbst wirken jedoch nicht direkt. Ihre Wirkung besteht darin, dass sie die Bildung von Eiweißmolekülen (Proteinen) ermöglichen. Die Zusammensetzung der zahlreich möglichen unterschiedlichen Proteine, genauer gesagt deren Aminosäuresequenzen, entspricht immer den Sequenzen, die in den Genen für die einzelnen Proteine speziell verschlüsselt vorliegen, d. h. Gene legen den Aufbau von Proteinen fest. Sie „kodieren" für Proteine. Die Proteine stellen in gewisser Weise ein Spiegelbild ihrer entsprechenden Gene, lediglich in einer anderen Sprache vorliegend, dar. Der Vor-

Gene „kodieren" für Proteine

gang dieser Übersetzung ist die Translation von RNA (einer Boten-substanz, die einer Abschrift der DNA entspricht) in Proteine (siehe Abb. 5 und Kapitel 2.6.3).

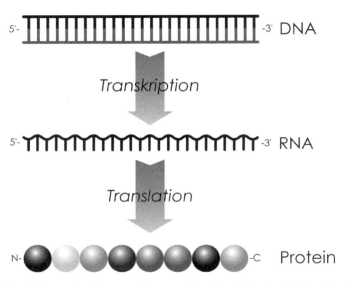

Abb. 5: *Der Informationsfluss vom Gen zum Protein erfolgt über die Umschreibung der DNA in die Botensubstanz RNA (Transkription) und die Übersetzung (Translation) dieser in den Aufbau von Proteinen.*

Proteine

Die Proteine können entweder einzeln Aufgaben übernehmen oder im Verbund mit weiteren Proteinen wirksam sein. Wenn sich zwei Proteine zusammenfinden spricht man von Dimeren (von *Di-* für zwei und griech. *merus:* Teil), bestehen diese Dimere aus gleichen Proteinen heißen sie auch Homodimere (griech. *homo:* gleich), werden sie aus zwei unterschiedlichen Proteinen gebildet, so spricht man von Heterodimeren (griech. *hetero:* verschieden). Sind mehr als zwei Proteine beteiligt, nennt man sie Proteinkomplexe oder Multimere.

Zusätzlich zu den Möglichkeiten der Protein-Protein-Interaktion gibt es auch noch eine Reihe anderer Wechselwirkungen, die Proteine eingehen können. Sie können beispielsweise auch mit verschiedenen Zuckern verbunden werden. Dieser Vorgang wird als **Glykosylierung** bezeichnet. Glykosylierte Proteine nennt man Glykoproteine. Darüber hinaus sind zahlreiche andere Verbindungen mit anderen Molekülen möglich. Generell werden derartige Veränderungen als **Modifikationen** bezeichnet. Diese Modifikationen sind die Ursache für die Vielfalt der Proteine und deren unterschiedliche Funktionen.

Große Moleküle, die aus Molekülgruppen zusammengeschlossen sind, nennt man Makromoleküle. Biologisch relevante Makromoleküle sind:
- DNA/RNA
- Proteine (Hormone und Botenstoffe, Enzyme, Rezeptoren, Strukturproteine der Zellen etc.)
- Kohlenhydrate (verschiedene Zucker und aus Zucker aufgebaute Moleküle, z. B. Stärke)
- Fette

Makromoleküle

2.3 Aufbau und Funktion einer Zelle

2.3.1 Prokaryotische/eukaryotische Zellen

Es gibt zwei große Gruppen von Lebewesen, die Prokaryoten und die Eukaryoten. **Prokaryoten** (griech. *pro:* bevor und *karyon:* Nuss, Kern) sind zelluläre Lebewesen, welche keinen Zellkern besitzen. Als **Eukaryoten** (*eu* leitet sich vom griech. „gut" ab) werden alle Lebewesen mit Zellkern zusammengefasst. Generell kann gesagt werden, dass Prokaryoten, deren Hauptvertreter die Bakterien sind, einfacher strukturiert sind als eukaryotische Zellen. Prokaryoten fehlen neben dem Zellkern auch die Zellorganellen. Das Genom liegt räumlich organisiert an einer Stelle, ohne durch eine Hülle (Membran) vom übrigen Zellinnenraum, dem Zytoplasma, getrennt zu sein. Man bezeichnet diese Anordnung als Nukleoid (= kernartig), da sie zwar einem Zellkern ähnlich ist, jedoch dessen typisches Merkmal, die umhüllende Kernmembran, nicht besitzt (siehe Abb. 6).

Der eukaryotische Zellkern ist von einer eigenen Membran umgeben. Innerhalb des Kerns sind die Chromosomen gelagert. Ein weiteres Merkmal eukaryotischer Zellen sind die Organellen. Zellorga-

Prokaryoten

Eukaryoten

Nukleoid

Organellen

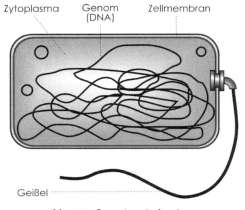

Zytoplasma   Genom   Zellmembran
(DNA)

Geißel

Abb. 6: Aufbau eines Bakteriums

nellen sind kleine Strukturen, die, von jeweils einer Membran umschlossen, in das Zytoplasma eingelagert sind und spezielle Aufgaben erfüllen (siehe Abb. 7).

Endosymbiontentheorie

Endosymbiose

Endosymbiontentheorie
Eine Erklärung für das Vorliegen von Organellen in eukaryotischen Zellen bietet die Endosymbiontentheorie, die besagt, dass die Eukaryoten durch das Einschließen von frühen Prokaryoten entstanden sein können. Mitochondrien – Organellen, die für die Energieproduktion in einer Zelle verantwortlich sind (dazu mehr in Kapitel 2.3.2) – sind möglicherweise derart „eingewanderte" Prokaryoten. Auch Chloroplasten, die in Pflanzen für die Photosynthese zuständig sind und Pflanzen die grüne Farbe verleihen, waren ursprünglich Prokaryoten, die möglicherweise sehr früh in der Evolution in Zellen „eingewandert" sind. Da diese Gemeinschaft von Prokaryoten innerhalb einer Zelle beiden Lebewesen Vorteile brachte, spricht man auch von **Endosymbiose**.

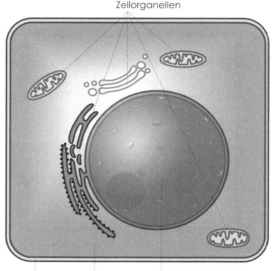

Abb. 7: Aufbau einer eukaryotischen Zelle

Tab. 1: Gegenüberstellung von prokaryotischen und eukaryotischen Zellen

Prokaryoten	Eukaryoten
Bakterien, Archaeen	Pilze, Pflanzen, Tiere (Mensch)
kein Zellkern	membranumschlossener Zellkern
Chromosomen frei im Zytoplasma liegend	Chromosomen im Zellkern gelagert
keine Organellen	Organellen

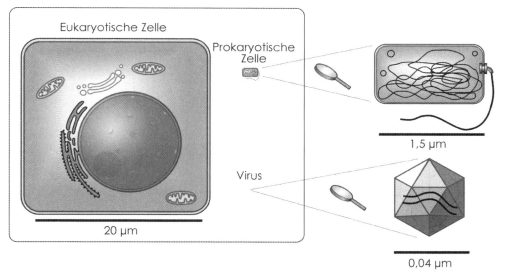

Eukaryotische Zelle

Prokaryotische Zelle

1,5 μm

Virus

20 μm

0,04 μm

Abb. 8: Größenvergleich zwischen durchschnittlichen eukaryotischen und prokaryotischen Zellen und Viren

Stammbaum der Lebewesen

Mit der Entdeckung von Lebewesen, die fähig sind, unter ungewöhnlichen, extremen Lebensbedingungen zu überleben, hat sich die einfache Einteilung des Lebens in Pro- und Eukaryoten ein wenig verkompliziert. Einige dieser Lebensformen wurden in vulkanisch aktiven Zonen gefunden, in kochenden Schwefelquellen, in „Schwarzen Rauchern" der Tiefsee und in brodelnden Schlammlöchern. Andere Formen wurden im Faulschlamm, auf glühenden Kohlehalden oder in lebensfeindlichen Salzseen entdeckt. Diese Bedingungen ähneln denen, die in der Frühzeit der Erdentwicklung geherrscht haben müssen. Aus der archaischen Lebensweise dieser Organismen leitet sich auch ihr Name ab: **Archae-** oder **Urbakterien**. Sie unterscheiden sich in mehreren wesentlichen Merkmalen von den Bakterien und den Eukaryoten. Archaebakterien sind einzellige Organismen mit einem ringförmigen Chromosom. Sie besitzen weder ein Cytoskelett noch Zellorganellen; von den Bakterien unterscheiden sie sich durch das Fehlen eines Zellwandproteins (Peptidoglycan), einer anderen Struktur ihrer Proteinsynthesemaschinerie und einem anderen Zellmembranaufbau. Diese grundlegenden Unterschiede zu den Lebensformen, wie man sie bis dahin kannte, verlangten nach einer neuen Einteilung der Lebewesen. Im Jahr 1990 kam man überein, das Leben in drei Domänen einzuteilen (siehe auch Abb. 9): in

- **Archaeen** *(lat. Archaea)*, früher Archaebakterien,
- **Bakterien** *(lat. Bacteria)* und
- **Eukaryoten** *(lat. Eucarya oder Eukaryota)*.

Die Merkmale, die Prokaryoten von Eukaryoten unterscheiden, treffen sowohl auf Bakterien und Archaeen zu, sodass diese grobe Unterteilung immer noch ihre Gültigkeit hat.

Archaebakterien

Archaeen
Bakterien
Eukaryoten

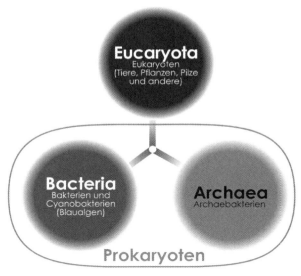

Abb. 9: Die drei Domänen des Lebens

Viren

Viren
Im Gegensatz zu den Bakterien als einzellige Lebewesen sind beispielsweise die Viren keine selbstständig lebensfähigen Organismen. Sie besitzen nicht die Fähigkeit zur eigenständigen Vermehrung und verfügen auch nicht über einen eigenen Stoffwechsel. Viren bestehen praktisch nur aus Erbmaterial (entweder DNA oder RNA), das von einer Hülle aus Proteinen (= Capsid) und/oder von einer Membran umgeben ist. Zusätzlich besitzen Viren Oberflächenmoleküle, die die Bindung an eine Wirtszelle vermitteln. Die Lebensfähigkeit und das Überleben von Viren sind an die Zellen gebunden, in die sie eindringen. Nach der Aufnahme in die Wirtszellen bedienen sich die Viren des dort vorhandenen Proteinsynthesesystems, das sie zur eigenen Vermehrung verwenden. Dafür ist das in eine Wirtszelle „eingeschleppte" virale Erbgut derart beschaffen, dass es von den Wirtszellen wie eigenes Erbmaterial behandelt wird. Die befallene Zelle wird in Folge von den viralen Genen zum Produzenten neuer Viren „umprogrammiert" (siehe Abb. 10).

Wirtszelle

2.3.2 Aufbau einer Zelle

Zelle als biologische Einheit

Die Zelle ist die biologische Einheit eines lebenden Organismus. Sie bildet den kleinsten lebensfähigen Teil, der es ermöglicht, dass ein Lebewesen entstehen, heranwachsen und sich vermehren kann. Auch die Fähigkeit zur Regeneration, die bis zu einem gewissen Grad möglich ist, ist eine wesentliche Eigenschaft, die einem Lebewesen das Überleben ermöglicht. Die Wundheilung als spezielle Form der Zellregeneration ist aus mehr oder weniger schmerzvoller Erfahrung sicherlich allgemein bekannt.

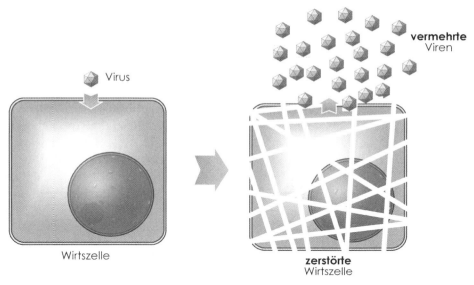

Abb. 10: *Der Lebenszyklus von Viren: Viren dringen in Zellen ein und bemächtigen sich der Synthesemaschinerie der befallenen Zelle (= Wirtszelle oder kurz Wirt), indem sie diese zwingen, neue Viren herzustellen. Meistens wird die Wirtszelle dabei zerstört.*

Der Aufbau einer eukaryotischen Zelle besteht im Wesentlichen aus:
- Zellmembran
- Zellkern
- Zytoplasma
- Zytoskelett
- Organellen
  - Endoplasmatisches Retikulum
  - Mitochondrien
  - Golgi-Apparat
  - Endosomen
  - Lysosomen
  - Peroxisomen
  - Chloroplasten bei Pflanzen
  - Ribosomen
  - Centriolen

Abbildung I im Farbtafelteil zeigt ein elektronenmikroskopisches Bild einer Leberzelle mit einer Auswahl von Zellorganellen.

Zellmembran

Die Zellmembran trennt den extrazellulären vom intrazellulären Raum. Sie ist aus Proteinen und Lipidmolekülen aufgebaut, deren

Phospho-/ Glykolipid Doppelschicht

Einzelteile hauptsächlich Phospho- oder Glykolipidmoleküle sowie Cholesterin sind. Diese Moleküle sind in zwei Lagen angeordnet und bilden so eine Doppelschicht. Die hydrophilen (d. h. Wasser liebenden, polaren) Enden der Moleküle liegen an den Oberflächen der Membran, und bilden die unmittelbare Trenn- und Kontaktfläche zu den Räumen (Kompartments) nach außen und nach innen. Die hydrophoben (d. h. Wasser meidenden, apolaren) Lipidketten lagern sich aneinander an und bilden so die Zwischenschicht der Membran.

Die einzelnen Moleküle sind sehr mobil und können sich in alle Richtungen der Membranebene bewegen. Dadurch erhält die Zellmembran gleichsam die Eigenschaften eines flüssigen Mediums (siehe Abb. 11 und 12).

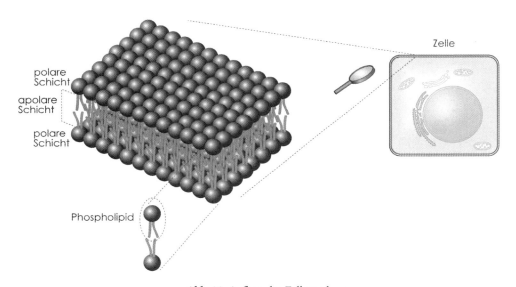

polare Schicht
apolare Schicht
polare Schicht

Phospholipid

Zelle

Abb. 11: Aufbau der Zellmembran

Zellmembranen sind biologisch äußerst aktive Strukturen. Neben der Abgrenzung zu den extra- und intrazellulären Kompartments und der damit verbundenen Schutzfunktion für die Zelle selbst, regulieren sie, durch kontrollierten Ein- und Ausstrom von Ionen und Molekülen, aktiv deren Zusammensetzung und Funktionen (siehe Abb. 13).

kontrollierter Ein- und Ausstrom von Ionen und Molekülen

Zusätzlich tragen die Membranen spezifische Proteine, die beweglich in die Doppelschicht eingeschoben sind, und die als Rezeptoren für Signale von außen eine geregelte Zellkommunikation und Signalübermittlung gewährleisten. Wenn extrazelluläres Insulin gebunden wird, bildet der Insulinrezeptor beispielsweise ein Dimer

Zellkommunikation Signalübermittlung

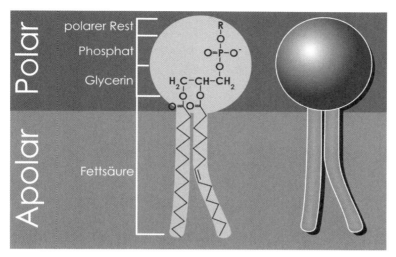

Abb. 12: Aufbau eines Phospholipids: Zentraler Bestandteil eines Phospholipids ist Glycerin, an dem zwei langkettige Fettsäuremoleküle gebunden sind, sowie über eine Phosphatgruppe eine polare Komponente.

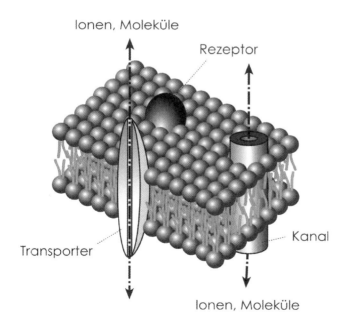

Abb. 13: Membran-Proteine: Verschiedene Membranproteine in der Plasmamembran ermöglichen den selektiven Austausch von Ionen und Molekülen (Transporter und Kanäle) bzw. die Informationsweitergabe (Rezeptoren).

und wird dadurch aktiviert. Dieses Aktivierungssignal kann auf intrazelluläre Moleküle übertragen werden, die dann ihrerseits ein Molekül aktivieren, das an die DNA bindet und bestimmte Gene an- bzw. ausschalten kann (siehe Abb. 14).

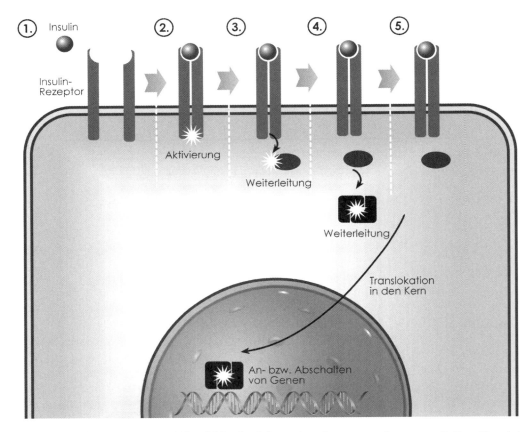

Abb. 14: Signalübertragung. Zeitliche Abfolge der Informationsübertragung eines extrazellulären Signals in den Zellkern. 1. Extrazelluläres Insulin, monomere Insulinrezeptormoleküle in der Plasmamembran. 2. Bindung von Insulin an den Rezeptor – Dimerisierung – Aktivierung des Insulinrezeptors. 3. Übertragung eines Signals an ein intrazelluläres Protein. 4. Aktivierung weiterer Signalübertragungsproteine. 5. Wanderung von Signalproteinen vom Zytoplasma in den Zellkern – Aktivierung oder Inaktivierung von Genen.

Die Aufgaben der Zellmembran können kurz folgendermaßen zusammengefasst werden:

Schutzfunktion
Transport
Signalvermittlung

- Trennung und Abgrenzung von extra- und intrazellulären Kompartments (Schutzfunktion)
- Transport von Ionen und Molekülen in beide Richtungen
- Signalvermittlung

Zytoplasma

Als **Zytoplasma** wird der Inhalt einer Zelle bezeichnet, der von der Plasmamembran eingeschlossen ist (mit Ausnahme des Zellkerns). Es besteht aus der Zellflüssigkeit (dem Cytosol) und ist dicht gepackt mit Proteinen. Zusätzlich enthält es die Zellorganellen und dient mit Hilfe des Zytoskeletts als Transportmedium.

Zytoskelett

Das **Zytoskelett** ist ein Netzwerk aus Proteinen im Zytoplasma und besteht aus fadenförmigen Strukturen (Filamenten), die ein außerordentlich flexibles Geflecht bilden und äußerst dynamisch auf- und abgebaut werden. Die Aufgaben des Zytoskeletts liegen in der mechanischen Stabilisierung, Formgebung und Bewegung der Zelle als Ganzes, sowie in der Transportfunktion innerhalb der Zelle (siehe Abbildung II im Farbtafelteil). Man unterscheidet drei Klassen von Zytoskelettfilamenten,

- die Aktinfilamente,
- die Mikrotubuli,
- und die Intermediärfilamente,

die hier zwar namentlich erwähnt werden, auf deren Aufbau und Funktion aber im Rahmen dieses Buches nicht weiter eingegangen wird.

Stabilisierung
Transportfunktion

Zellkern (Nukleus)

Der Zellkern ist die Steuerungszentrale jeder eukaryotischen Zelle. Er enthält alle Informationen, die für das Leben einer Zelle notwendig sind. Alle biologischen Vorgänge, wie beispielsweise Antworten auf Reize von außen, Reparaturmechanismen und Zellteilung, gehen vom Zellkern aus. Das liegt daran, dass das genetische Programm, das zum größten Teil im Zellkern gespeichert ist, auch nur dort gelesen und in den ersten Schritten auch nur dort umgesetzt werden kann (siehe auch Transkription/Translation, Kapitel 2.7.2 und 2.7.3).

Der Zellkern ist von zwei Membranen umgeben, die in ihrem Aufbau im Wesentlichen dem der Zellmembran gleichen. Die Doppelmembran ist durch kleine Löcher, die Kernporen, in beide Richtungen durchlässig. Durch die Kernporen erfolgt der Informationsaustausch zwischen Kern und Zytoplasma und zum Endoplasmatischen Retikulum (siehe Abb. 15).

genetisches
Programm

Die Zelle

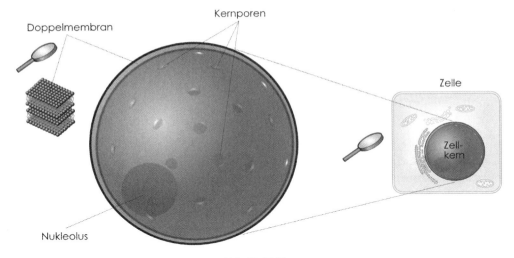

Abb. 15: Zellkern

Chromosomen **Desoxyribonu-** **kleinsäure (DNA)**	Das eigentliche Zentrum bilden die Chromosomen (siehe auch Kapitel 2.5). Sie bestehen aus Desoxyribonukleinsäure (DNA), die als Doppelstrang-Struktur (siehe auch Kapitel 2.4) auf Trägerproteinen – den Histonen – aufgewickelt ist. Da die gesamte DNA einer menschlichen Zelle, entwirrt und aneinandergeknüpft, eine Länge von ca. 2 m aufweist, ist leicht vorstellbar, dass die DNA auf den spiralig verknäulten Histonen äußerst dicht gepackt vorliegen muss, um in ihrer Gesamtheit in den kleinen Zellkern zu passen (die Größe eines Zellkernes beträgt nur wenige Mikrometer).

Die Zellen besitzen eine bestimmte Anzahl von Chromosomen, den **Chromsomensatz**. Der Chromosomensatz ist bei verschiedenen Tier- und Pflanzenarten durchaus unterschiedlich. So verfügt beispielsweise die Erbse über 14, die Hausmaus über 40 und der Mensch über 46 Chromosomen.

Neben der DNA und dem Histon-Eiweiß enthält der Kern zahlreiche andere Proteine (z. B. Polymerasen, Transkriptionsaktivatoren) sowie ribosomale RNA. Letztere wird an einem Ort im Kern gebildet, der durch das Lichtmikroskop als Kernkörperchen (Nukleolus) erkennbar ist.

Organellen

Endoplasmatisches Retikulum (ER)

Kammersystem Das endoplasmatische Retikulum ist ein Kammersystem hintereinander gelagerter flacher Hohlräume (Lumina), das über die Kernporen mit dem Inneren des Zellkerns in direkter Verbindung steht.

Das Lumen des Systems ist von einer Membran, die der äußeren Kernmembran entspricht, umgeben. An der Außenseite der Membran sitzen die Ribosomen. Diese Form des ER wird als „raues" endoplasmatische Retikulum bezeichnet (RER). Die Aufgabe des RER besteht überwiegend in der Aufnahme und dem Transport der Proteine, die in den Ribosomen synthetisiert werden. Der Transport der Proteine erfolgt in kleinen Vesikeln, die ebenfalls im RER gebildet werden, und deren Hülle von der (uns bereits bekannten) Doppelmembran gebildet wird.

„raues" endoplasmatisches Retikulum (RER) Aufnahme und Transport von Proteinen

Das raue ER kann direkt in ein glattes (agranuläres) ER ohne Ribosomenbesatz übergehen. Das aribosomale ER hat einerseits Speicherfunktion, und andererseits spielt es eine wichtige Rolle bei Vorgängen des Stoffwechsels. In seiner Speicherfunktion dient es beispielsweise in Muskelzellen der Bereitstellung und Wiederaufnahme der für die Kontraktion notwendigen Kalzium-Ionen. Die metabolische Funktion liegt unter anderem in der Synthese von verschiedenen Fetten und Hormonen, ebenso wie in der Entgiftung. Deshalb besitzen vor allem Leberzellen einen großen Anteil von aribosomalem ER.

aribosomales ER (glattes ER)

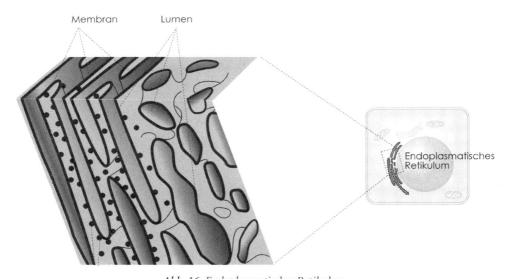

Membran   Lumen

Endoplasmatisches Retikulum

Abb. 16: Endoplasmatisches Retikulum

Mitochondrien

Die Mitochondrien stellen die Energie für die Zelle bereit. Man könnte sie als kleine biologische Kraftwerke bezeichnen, in denen die aus den Nährstoffen zugeführte Energie in Proteine umgewan-

biologische Kraftwerke

delt und gespeichert wird.Mitochondrien sind überwiegend bohnenförmige Organellen, die von einer Doppelmembran umgeben werden, die ihrerseits eine strukturelle Besonderheit aufweist: Die äußere Membran bildet die Abgrenzung der Organelle, die innere Membran ist in den Hohlraum hinein mehrfach gefaltet, und bildet so die kammartige Struktur der Cristae mitochondriales aus. Dadurch entsteht ein Hohlraum, der von zahlreichen parallelen Fächern unterteilt wird, die untereinander in räumlicher Verbindung stehen.

Cristae mitochondriales

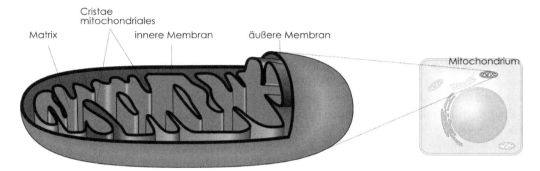

Abb. 17: *Aufbau eines Mitochondriums*

Synthese von Adenosin-Tri-Phosphat (ATP)

An der Innenseite der Cristae mitochondriales sind Proteine angelagert, die so genannten Elementarpartikel, die für die Synthese von Adenosin-Tri-Phosphat (ATP) verantwortlich sind (siehe Abb. 18). Die Elementarpartikel sind die wichtigsten Energiemoleküle des Zellstoffwechsels und stellen eine Art von zellulärer Batterie dar.

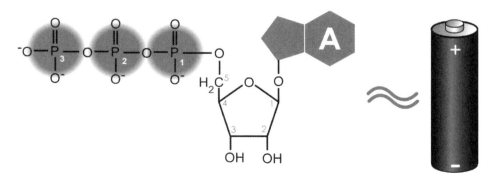

Abb. 18: *ATP-Struktur. Die Abbildung zeigt die molekulare Struktur des ATPs mit Adenin (A), der Ribose (fünfeckiges Zuckermolekül) und den drei Phosphatgruppen (hinterlegt mit grau gefüllten Kreisen). Die zweite und dritte Phosphatgruppe kann leicht vom übrigen Molekül abgespalten werden, dabei entsteht für die Zelle verwertbare Energie.*

Zusätzlich besitzen die Mitochondrien eine eigene DNA – die mitochondriale DNA (mtDNA). Dabei handelt es sich um ringförmige DNA Moleküle mit einer Länge von ca. 17 kb (kb = Abk. für Kilobasen, eine Einheit zur Angabe der Länge von DNA-Molekülen, siehe Kapitel zur Struktur der DNA), auf denen sich an die 37 Gene befinden. Die Gene kodieren für die mitochondrialen ribosomalen RNAs, die mitochondrialen transfer RNAs, und einige mitochondriale Polypeptide. Im Gegensatz zur nukleären DNA ist die mtDNA nicht um Histone gewickelt und liegt als so genannte nackte DNA vor.

mitochondriale DNA (mtDNA)

Die Vererbung der mtDNA erfolgt hauptsächlich über die mütterliche Linie, da man annimmt, dass nur über die Eizellen Mitochondrien, und damit mtDNA, weitergegeben werden.

Abgenützte Mitochondrien werden innerhalb der Zelle abgebaut. Die durchschnittliche Halbwertszeit von Mitochondrien beträgt Tage bis einige Wochen. Der Nachschub entsteht durch Teilung der Mitochondrien. Als Voraussetzung dafür bedarf es auch der Replikation (Verdopplung) der mtDNA. Da sich Mitochondrien auf Grund ihrer Halbwertszeit innerhalb einer Zelle häufiger teilen müssen als die gesamte Zelle selbst, wird die mtDNA auch öfter repliziert, als dies für die nukleäre DNA der Fall ist.

Golgi-Apparat

Der Golgi-Apparat (Golgi-Komplex) ist einerseits die Synthesefabrik für die Kohlenhydrate, und andererseits das System, von dem die Produkte des ER sortiert und verteilt werden. Auf Grund dieser Funktion nimmt der Golgi-Apparat in seiner Position im Zytoplasma einen nahezu fixen Platz zwischen ER und Zelloberfläche ein. Dadurch ist auch die beste räumliche Voraussetzung für den Transport von Proteinen oder Sekretionsprodukten vom ER zur Zelloberfläche gewährleistet.

Golgi-Komplex Sortierfunktion

Strukturell besteht der Golgi-Apparat aus membranumschlossenen, flachen, hohlen Strukturen (so genannten Zisternen), die wie in einem Stapel nebeneinander liegen, in etwa vergleichbar mit aufeinander gelagerten Pfannkuchen. Die Lage innerhalb der Zelle ist immer so orientiert, dass eine Oberfläche des Stapels zum ER gerichtet ist, und die gegenüberliegende, zweite Oberfläche zur Zelloberfläche weist. Die zum ER gelegene Seite wird als *cis*-Seite, die zur Zelloberfläche als *trans*-Seite bezeichnet (siehe Abb. 19).

Zisternen

***cis*-Seite
trans-Seite**

An der *cis*-Seite liegen unter anderem Eintrittstellen für Proteine aus dem ER und an der *trans*-Seite Austrittstellen für zusammengebaute Proteine, die beispielsweise als Sekretionsprodukte die Zelle verlassen. Diese Eintritt- und Austrittstellen bilden ein verzweigtes

Die Zelle

Netzwerk von Vesikeln und Kanälchen, die mit den eigentlichen Zisternen in Verbindung stehen (deshalb auch die Bezeichnung *cis-* und *trans-* Golgi-Netzwerk).

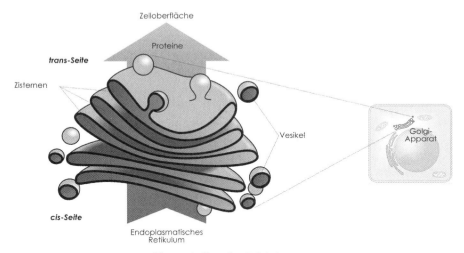

Abb. 19: Aufbau des Golgi-Apparates

Endosomen

Endocytose

Endosomen entstehen bei der Abschnürung kleiner Bläschen der Zellmembran ins Zellinnere (= Endocytose). So nimmt die Zelle einen Teil des sie umgebenden Mediums (inklusive gelöster Substanzen oder kleiner Nahrungsteile) in ihr Inneres auf.

Lysosomen

Verdauung
Proteasen
Nukleasen
Lipasen

Lysosomen sind sehr kleine, membranumschlossene Vesikel. Sie werden vom Golgi-Apparat gebildet und ihre Hauptaufgabe besteht darin, aufgenommene Fremdstoffe zu verdauen. Dazu enthalten sie verschiedene Enzyme, wie Proteasen (spalten Proteine), Nukleasen (spalten Nukleinsäuren) und Lipasen (bauen Fette ab), die nur im sauren Milieu innerhalb des Lysosoms aktiv sind.

Peroxisomen

Peroxisomen sind kleine, mit einer Membran umhüllte Vesikel. Sie sind ein gutes Beispiel für die Wichtigkeit der Zellkompartimentierung. In Peroxisomen können, durch die Membran geschützt, Reaktionen ablaufen, die für die Zelle gefährlich wären. Peroxisomen enthalten Enzyme (Oxidasen), die Wasserstoff von bestimmten Verbindungen abspalten und mit Sauerstoff zum giftigen Wasserstoffperoxid verbinden, das dann abgebaut wird.

Chloroplasten

Chloroplasten sind Zellorganellen, die nur in Pflanzen vorkommen und die für die Photosynthese verantwortlich sind.Wie Mitochondrien besitzen Chloroplasten eine eigene DNA und eine Doppelmembran. Sie beinhalten den grünen Farbstoff Chlorophyll, der Licht bestimmter Wellenlängen absorbieren kann. Die so aufgenommene Energie wird zur Produktion von ATP genutzt (dient als Energielieferant zum Aufbau von Zucker bzw. Stärke aus CO_2 und Wasser).

Photosynthese

Ribosomen

Die Ribosomen sind die Proteinfabrik einer Zelle. Sie sind kleine Gebilde, die selbst über keine eigene Membran verfügen und die an die Außenseite der Membran des ER angelagert sind oder auch frei im Zytoplasma vorkommen. Ribosomen sind aus zwei Untereinheiten zusammengesetzt. Beide Untereinheiten bestehen sowohl aus Proteinen als auch aus RNA (ribosomale RNA – rRNA). Die Proteine bilden die Struktur für die in den Ribosomen ablaufende Pro-

**Protein-
produktion**

**ribosomale RNA
(rRNA)**

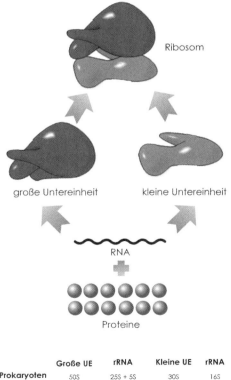

	Große UE	rRNA	Kleine UE	rRNA
Prokaryoten	50S	23S + 5S	30S	16S
Eukaryoten	60S	28S + 5.8S	40S	18S

Abb. 20: Ribosomen sind aus Proteinen und RNA aufgebaut.

teinsynthese. Die Proteinsynthese selbst wird von den rRNAs vorgenommen. Auf Grund ihrer Funktion und ihres speziellen Aufbaus werden sie auch als **Ribozyme**, enzymatisch aktive RNAs, bezeichnet (siehe Abb. 20).

messenger RNA (mRNA)

In den Ribosomen erfolgt die Übersetzung der Boten RNA (oder engl. *messenger* RNA, *m*RNA) in das entsprechende Protein, streng nach den Vorlagen des genetischen Codes der DNA (siehe Translation, Kapitel 2.7.3).

2.4 Struktur der DNA

DNA

Wie schon in der Einleitung erwähnt, enthält die DNA alle Informationen, die für sämtliche biologischen Vorgänge einer Zelle und somit auch eines komplexen Organismus (inklusive des Bauplans des Körpers) notwendig sind. Im Vergleich zu den Datenträgern der gegenwärtigen Computertechnik ist sie ein wahres Wundermolekül, das Informationen, was die Größe des Datenträgers und die Langlebigkeit der Daten betrifft, effizienter speichern kann als jeder Computer. Darüber hinaus besitzt die DNA auch die Fähigkeit zur

selbstständige Vermehrung

selbstständigen Vermehrung. Strukturell ist die DNA ein langes, fadenförmiges Molekül. Die DNA des größten humanen Chromosoms (Chromosom 1) misst in entdrillter, gestreckter Form mehr als 10 cm, bei einer Dicke von nur 2 nm (nm = Nanometer = 2×10^{-9} m oder 0,0000002 cm). Um sich solche Dimensionen vorstellen zu können ist es oft sinnvoll sie auf Dinge unseres täglichen Lebens zu übertragen. Nehmen wir an die DNA von Chromosom 1 hätte die Dicke einer normalen Paketschnur (~3 mm Durchmesser), dann wäre sie 150 km lang!

Doppelhelix

Betrachtet man DNA-Moleküle genauer, bestehen sie aus zwei Strängen, die sich umeinander wie um eine zentrale, virtuelle Achse wickeln, und so eine Doppelhelix bilden (Helix ist die Bezeichnung für Spirale oder Schraube). Eine Helix entsteht zum Beispiel, wenn ein Draht um einen Stab gewickelt wird, eine Doppelhelix konsequenterweise wenn dafür zwei Drähte verwendet werden (siehe Abb. 21). Je nachdem, in welche Richtung die Wicklung vorgenommen wird, ergibt sich eine rechts- oder linksgedrehte Windung. Die Doppelhelix der DNA ist normalerweise rechtsgedreht.

Nukleotide

Die Bausteine der DNA sind die Nukleotide, die die Doppelhelix ähnlich wie Stufen einer Wendeltreppe aufbauen. Abbildung 22 zeigt ein Stück einer DNA in unterschiedlichen Darstellungsformen.

Doppelstrang

Die schematisierte Skizze zeigt die spiralförmige Struktur der DNA, die zwei Stränge, das wendeltreppenartige Aussehen, und den Auf-

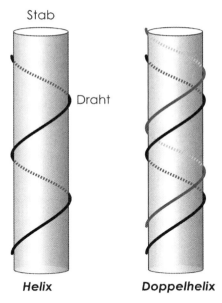

Stab

Draht

Helix   **Doppelhelix**

Abb. 21: Helix und Doppelhelix. Bildhafte Darstellung am Beispiel von ein oder zwei Drähten, die um einen Stab gewickelt werden.

bau aus Einzelbausteinen. Das Kalottenmodell in der Mitte der Abbildung zeigt die DNA, wie sie wirklich aussieht, in einer Auflösung, in der die einzelnen Atome erkennbar sind. In der simplifizierten Darstellung der DNA wurde die Spiralisierung nicht gezeichnet und man erkennt die zwei Stränge, die aus den einzelnen Nukleotiden aufgebaut werden (siehe Abb. 22).

Die Nukleotide bestehen aus drei Komponenten:
- einer Base (Pyrimidin- oder Purinbase) — **Base**
- einem Zucker (Desoxyribose; ein Zuckermolekül mit 5 Kohlenstoffatomen) — **Zucker**
- einer Phosphatgruppe (ein Phosphoratom mit 4 gebundenen Sauerstoffatomen) (siehe Abb. 23) — **Phosphat**

Aus der Zusammensetzung der Nukleotide leitet sich auch der Name DNA ab, entsprechend der englischen Bezeichnung Desoxyribo Nucleic Acid. Im Deutschen heißt DNA Desoxyribonukleinsäure, deren Abkürzung somit DNS. (Da sich die englische Abkürzung weitgehend durchgesetzt hat, wird sie auch im vorliegenden Buch verwendet). *Desoxyribo-* bezeichnet den Zucker, *-nucleic-* das Vorkommen im Kern und *-acid* heißt Säure (von den sauren Eigenschaften der Phosphatgruppe, Phosphate sind die Salze der Phosphorsäure).

DNA
Desoxyribonukleinsäure

DNA-Struktur

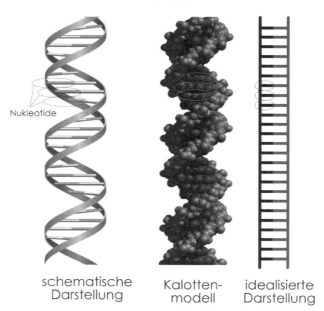

schematische Darstellung   Kalottenmodell   idealisierte Darstellung

Abb. 22: DNA-Struktur. Der linke Teil der Abbildung zeigt eine schematische Abbildung der DNA-Doppelhelix, wobei die Ribose-Phosphat-Rückgrate als Bänder und die Basenpaarungen als Stäbe dargestellt sind. In der Mitte ist ein Kalottenmodell der DNA dargestellt, das der tatsächlichen Struktur des Moleküls sehr nahe kommt. Der rechte Teil des Bildes zeigt eine idealisierte Darstellung der DNA, wobei auf eine Darstellung der Verdrehung verzichtet wird. Deshalb erscheint hier die DNA ähnlich einer Strickleiter, die Basenpaarungen sind durch horizontale Striche, die Ribose-Phosphat-Anteile durch vertikale Striche symbolisiert.
Der Doppelstrangaufbau ist durch die unterschiedliche Farbgebung der einzelnen Stränge (schwarz-grau) verdeutlicht. Diese Darstellung verbessert oft das Verständnis für komplexe Reaktionen an der DNA.

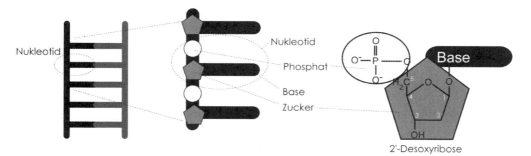

Abb. 23: Aufbau der DNA. In der schematischen Strickleiterdarstellung der DNA ist ein Nukleotid durch eine Ellipse hervorgehoben. Im mittleren Teil der Abbildung sind drei aufeinander folgende Nukleotide und deren Aufbau aus Phosphat (Kreise), Zucker (Fünfecke) und den Basen (horizontale Linien) dargestellt. Den molekularen Aufbau eines Nukleotids verdeutlicht der rechte Teil des Bildes.

Die Desoxyribosen bilden gemeinsam mit den Phosphatgruppen das Rückgrat der DNA, und somit deren unveränderlichen Teil.
Neben der DNA kommt in den Zellen noch eine zweite Form eines Nukleinsäuremoleküls vor, die Ribonukleinsäure oder RNA. Der Unterschied zwischen RNA und DNA liegt im Zuckermolekül, welches in der RNA Ribose, und in der DNA Desoxyribose ist. Ribose unterscheidet sich von Desoxyribose darin, dass bei der Desoxyribose am 2. Kohlenstoffatom eine OH-Gruppe fehlt – daher auch der Name *Desoxy* (siehe Abb. 24).

Ribose
Desoxyribose

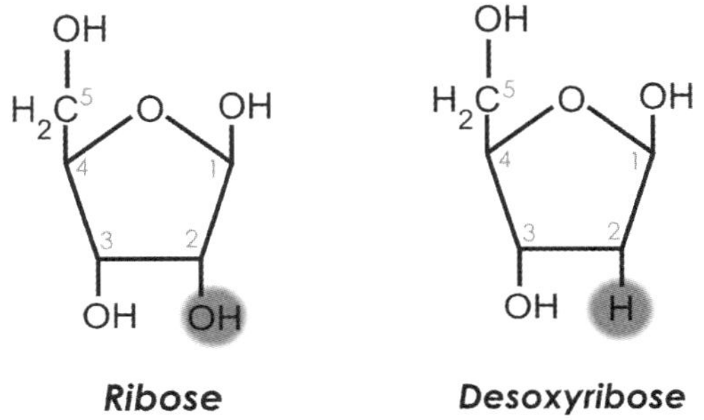

Abb. 24: Ribose und Desoxyribose als Zuckerbestandteile der Nukleinsäuren. Die Desoxyribose besitzt am zweiten Kohlenstoffatom ein Wasserstoffatom (H) anstelle der OH-Gruppe der Ribose (graue Hervorhebungen). Die Nummerierungen der Kohlenstoffatome sind in grauen Zahlen dargestellt.

In der DNA wie auch in der RNA sind Zucker (Desoxyribose oder Ribose) und Phosphatreste abwechselnd miteinander verknüpft. Dabei ist immer das Kohlenstoffatom an der Stelle 3 im Zucker über den Phosphatrest mit dem Kohlenstoffatom an der Stelle 5 des nächsten Zuckers verknüpft. Am Anfang eines DNA-Moleküls liegt immer ein freies (nicht verknüpftes) C5-Atom und am Ende ein freies (unverknüpftes) C3-Atom, wie am Beispiel eines kurzen DNA-Stückes aus drei Nukleotiden (= Trinukleotid) in Abbildung 25 veranschaulicht ist. Jeder DNA-Strang verfügt somit über ein so genanntes 5'- und ein 3'-Ende.
Die Basen, als dritter Bestandteil der Nukleotide, entsprechen den Stufen im Wendeltreppenvergleich, sind also am Zucker-Phosphat-Rückgrat angebunden, und nach innen gerichtet. Zwei chemische Formen von Basen sind möglich: die Pyrimidinbasen und die Purinbasen. Beide zählen zu den Heterozyklen, das sind ringförmige Moleküle aus Kohlenstoff (C) und Stickstoff (N), wobei Pyrimidine aus einem Sechserring mit zwei Stickstoffatomen, Purine aus einem kombinierten Fünfer- und Sechserring mit vier N-Atomen aufgebaut sind. In der DNA kommen je zwei Purinbasen: Adenin (A)

5'-Ende
3'-Ende

Pyrimidinbasen
Purinbasen

Adenin (A)

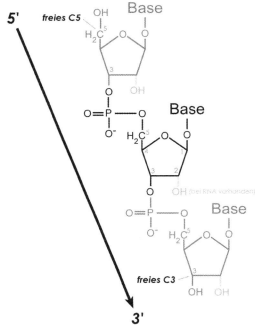

Abb. 25: *Trinukleotid. Die Darstellung der molekularen Struktur eines Nuklein-säurestranges verdeutlicht, dass die DNA/RNA eine Orientierung besitzt. Sie besitzt ein freies (unverknüpftes) C5-Atom, man spricht auch vom 5'-Ende (oben) und eine freie OH-Gruppe am C3-Atom des dritten Nukleotids (3'-Ende, unten).*

Guanin (G)
Thymin (T)
Cytosin (C)

und Guanin (G) – und zwei Pyrimidinbasen: Thymin (T) und Cytosin (C) – vor. Jeweils 2 Basen können miteinander über Wasserstoffbrückenbindungen verbunden sein; aus räumlichen (sterischen) Gründen geht dabei immer ein Pyrimidin eine Bindung mit einem Purin ein (und *vice versa*), d. h. in der doppelsträngigen DNA liegt einem A immer ein T gegenüber und einem C immer ein G. Die Bindungen selbst erfolgen zwischen A-T durch zwei, und zwischen G-C durch drei Wasserstoffbrücken, was dazu führt, dass G-C Verbindungen stabiler sind als A-T-Verbindungen (siehe Abb. 26). Diese Wasserstoffbrückenbindungen sind dafür verantwortlich, dass sich DNA-Stränge zu einem Doppelstrang zusammenfinden, und eine Doppelhelix ausbilden (siehe auch Abb. 22 und 23, waagrechte Balken).

Wasserstoffbrückenbindungen sind nicht sehr fest und lassen sich relativ leicht durch Hitze oder alkalische Reagenzien (Laugen) auftrennen. Wird beispielsweise doppelsträngige DNA hohen Temperaturen ausgesetzt (ab ca. 90 °C), zerfällt die Doppelhelix in ihre zwei Einzelstränge – man spricht von „Schmelzen" oder „Denatu-

Denaturieren

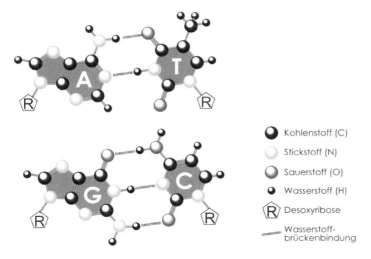

Kohlenstoff (C)
Stickstoff (N)
Sauerstoff (O)
Wasserstoff (H)
Ⓡ Desoxyribose
⋯⋯ Wasserstoff-
brückenbindung

Abb. 26: Basenpaarungen

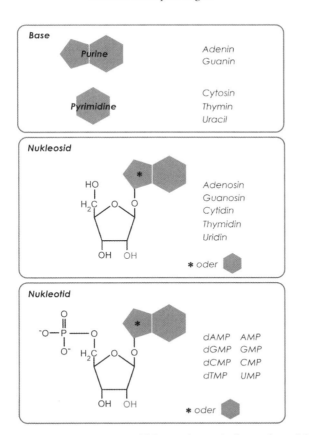

Base

Purine
Adenin
Guanin

Pyrimidine
Cytosin
Thymin
Uracil

Nukleosid

HO

H₂C

OH   OH

Adenosin
Guanosin
Cytidin
Thymidin
Uridin

∗ oder

Nukleotid

O
‖
⁻O–P–O
|
O⁻

H₂C

OH   OH

dAMP   AMP
dGMP   GMP
dCMP   CMP
dTMP   UMP

∗ oder

Abb. 27: Zusammensetzung von Nukleinsäurebestandteilen und Bezeichnung
der jeweiligen Bausteine

Renaturierung
Annealing

rieren" der DNA. Dieser Prozess ist reversibel, denn wird die Temperatur gesenkt, so finden die zwei getrennten DNA-Stränge wieder exakt zu einem Doppelstrang zusammen – man spricht auch von „Renaturierung" oder „Reassoziation (engl. *annealing*)". Dasselbe geschieht bei Denaturierung durch Laugen, und Renaturierung durch Neutralisierung des Milieus (siehe Abb. 28).

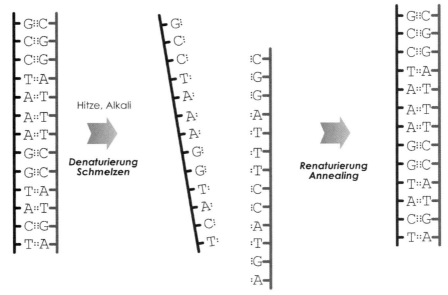

Abb. 28: **Denaturierung** *(Auftrennung) und* **Renaturierung** *(erneute Verbindung) der DNA-Stränge*

Wie oben erwähnt hat das Ribose-Phosphat-Rückgrat der DNA durch einen 5'-3'-Aufbau eine bestimmte Richtung. Die Einzelstränge der DNA können sich nur in entgegengesetzten Richtungen zu einem Doppelstrang anordnen, sodass, wenn man einem Strang in 5'-3'-Richtung folgt, der andere Strang von 3' nach 5' verläuft. Man spricht auch von einem antiparallelen Aufbau der DNA (siehe Abb. 29 und Abb. III im Farbtafelteil).

antiparalleler
Aufbau
B-Helix

Die klassische Form der DNA-Helix ist die rechtsgängig gewundene B-Helix. Bei dieser, von Watson und Crick ursprünglich beschriebenen Form, beträgt der Durchmesser der Doppelhelix 2 nm. Die jeweils gegenüberliegenden Basen haben einen Abstand von 0,34 nm. Die Ganghöhe (das ist eine komplette Windung) der Doppelhelix beträgt 10 Basenpaare. Da die Verbindungsstellen zum Zucker-Phosphat-Band nicht genau in der Mitte der Basen liegen, entstehen an der äußeren Oberfläche der Doppelhelix zwei unterschiedlich tiefe und breite Furchen, eine große Furche (engl. *major*

große Furche
kleine Furche

groove) und eine kleine Furche *(minor groove)* (siehe Abb. 30).

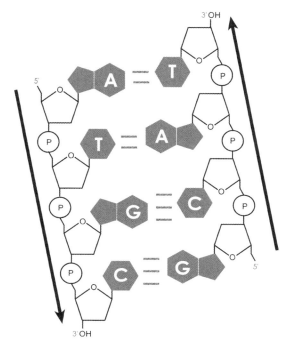

Abb. 29: Die DNA-Doppelhelix ist antiparallel. *Die beiden DNA-Stränge sind in ihrer 5'-3'-Richtung entgegengesetzt angeordnet (Pfeile).*

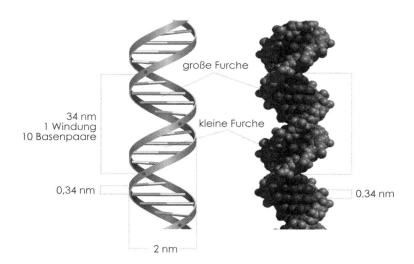

Abb. 30: Die B-Form der DNA. *Die Abbildung zeigt die Abmessungen dieser Form (in Nanometer, nm) der Helix und die unterschiedlichen Ausmaße der großen und kleinen Furche.*

Z-Helix
A-Helix

Zwei weitere Formen von DNA-Doppelhelices sind ebenfalls möglich, die linkshändig gewundene Z-Helix, und die rechtshändig gewundene A-Helix, die nur im dehydrierten Zustand vorkommt.

Warum eine Helix?
Warum liegt in der Natur die DNA eigentlich als Helix, und nicht als simple Leiter vor, so wie sie vereinfacht dargestellt wurde? Die Antwort auf diese Frage liegt in der Chemie. Die gepaarten Basen bilden eine stabile, flache Form, die an Sprossen einer Strickleiter erinnern (siehe Abb. 31, links). Sie werden durch das Ribose-Phosphat-Rückgrat zusammengehalten, wobei dieses an den Ansatzpunkten zu den Basen flexibel ist. Eine grundlegende Eigenschaft des Rückgrats ist, dass es hydrophil ist, sich also gerne mit Wasser umgibt. Im Gegensatz dazu sind die Basen hydrophob, also wassermeidend. Da jedoch Wasser eine Hauptkomponente jeder Zelle darstellt muss sich das DNA-Molekül entsprechend seiner hydrophilen und hydrophoben Anteile derart strukturieren, das eine optimale Lagerung der jeweiligen Anteile zueinander möglich ist. Die Basen müssen sich direkt aneinander lagern um so einen Zwischenraum zu vermeiden (wie ein Stapel Dominosteine). Dies ist prinzipiell nur denkbar, wenn sich das Ribose-Phosphat-Rückgrat zur Seite neigt (dann würde die DNA stufenförmig aussehen, siehe Abb. 31, rechts oben) oder sich verdreht (siehe Abb. 31, rechts unten). Aus räumlichen Gründen ist nur das Verdrehen möglich und somit ist die Doppelhelix die logische Konsequenz dieser Überlegungen.

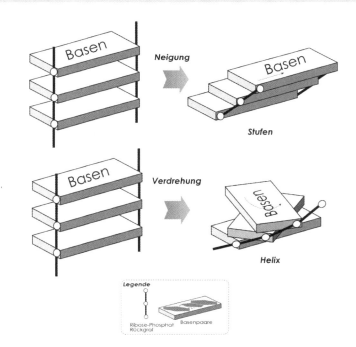

Abb. 31: Erklärung der Helix-Struktur. *Zwei mögliche Varianten der DNA-Struktur denkbar: Stufen (rechts oben), Doppelhelix (rechts unten). Aus räumlichen Gründen ist nur ein Verdrehen der DNA-Strickleiterstruktur möglich.*

2.5 Chromsomen

2.5.1 Eukaryotische Chromosomen

In eukaryotischen Zellen sind die Chromosomen (griech. *chromos:* Farbe; *soma:* Körper) die Träger der nukleären DNA. Die Chromosomen bestehen aus DNA und Proteinen. Den Hauptanteil der Proteine stellen die Histone dar, die die Ausbildung eines flexiblen Trägergerüsts ermöglichen, um das die lineare Doppelhelix der DNA gewickelt ist. Der kleinere Teil der Proteine wird von Regulationsenzymen gebildet, die unter anderem für die DNA-Replikation und RNA-Synthese notwendig sind (DNA- und RNA-Polymerasen).

Das Prinzip der DNA-Umwicklung um die Histonmoleküle ist in allen Eukaryoten gleich. Derzeit kennt man fünf Histone (H1, H2A, H2B, H3, H4). Ihre Funktionen sind vielfältig. Sie ermöglichen die Verpackung der langen fadenförmigen DNA-Moleküle im Zellkern auf kleinstem Raum. Sie transportieren das Erbmaterial während der Zellteilung, schützen es vor enzymatischem Abbau und vermögen bestimmte Reparaturen beschädigter DNA einzuleiten.

Die elementaren Bausteine, die die Grundlage der flexiblen Struktur bilden, sind die Nukleosomen. Sie bestehen aus einem Histonmolekülkomplex, um den die DNA wie um eine Spule gewickelt ist (siehe Abb. 32).

Randglossen: **DNA und Protein Chromosomen Histone** **Regulationsenzyme** **Nukleosomen**

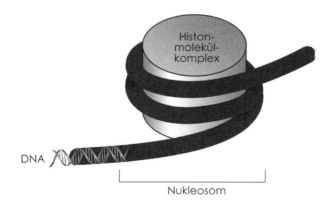

Abb. 32: Nukleosom. Die DNA wird annähernd zweimal (1,7x) um den Histonmolekülkomplex gewickelt, was einer Länge von 147 Basenpaaren entspricht.

Genauer betrachtet, besteht diese Spule aus 8 Histonen (jeweils 2 der Gruppen H2A, H2B, H3 und H4), weshalb sie als Core-Oktamer (*core:* Kern, *okta:* acht, *mer:* Teil) bezeichnet wird. Um dieses Oktamer legt sich die DNA in einer 1,7-fachen Schleife, was einer

Randglosse: **Core-Oktamer**

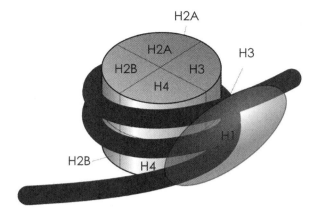

Abb. 33: Die Untereinheiten des Histon Oktamers. Histon Oktamer bestehend aus jeweils zwei Molekülen der Histone H2A, H2B, H3 und H4. Histon H1 bindet an das Nukleosom und stabilisiert die Umwicklung.

Strecke von 147 Basenpaaren entspricht. Das Histon 1 (H1), das selbst nicht am Aufbau des Oktamers beteiligt ist, liegt an der Wicklung auf, und stabilisiert so die Nukleosomen wie ein Klebstofftropfen (siehe Abb. 33).

Dadurch entsteht eine lineare Kette von Oktameren, die entlang der DNA fixiert sind. Diese Struktur gleicht einer Perlenkette, bei der die DNA als Schnur fungiert und die Core-Oktamere die „aufgefädelten" Perlen bilden. Die Länge der DNA wird durch das Umwickeln um die Histone 6-fach verkürzt (siehe Abb. 34).

Abb. 34: Perlenkettenartige Anordnung der Nukleosomen

Chromatin

In dieser gestreckten Form werden die Chromosomen als Chromatin bezeichnet. Diese gestreckte Form, die auch als entspiralisierte Form bezeichnet wird, ist biologisch bedeutsam für die DNA-Replikation und die Transkription, da sich nur in diesem Zustand die Doppelstränge der DNA längs öffnen können. Die dadurch entstehenden komplementären Einzelstränge können dann für die Replikation oder Transkription abgelesen werden.

Replikation
Transkription

Die typischen Chromosomen, wie man sie von den Bildern und Darstellungen kennt, entstehen durch Kondensation des Chromatins nach der Verdopplung der DNA (Replikation) in Vorbereitung der Zelle für die Mitose. Kondensation bedeutet eine Verdichtung des Chromatins durch zunehmende Spiralisierung. Dies führt zu einer kompakten Form des Chromatins, in der der Informationsgehalt der DNA nicht mehr zugänglich ist. Die DNA wird so für die Aufteilung auf zwei Zellen während der Mitose vorbereitet. Die Chromosomen sind in der Metaphase am dichtesten gepackt und damit auch deutlich sichtbar (siehe Abb. 35).

Kondensation

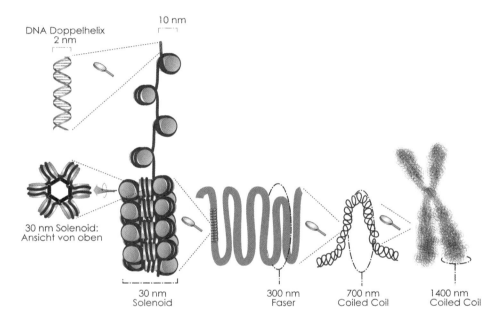

Abb. 35: Fortschreitende Chromosomen-Kondensation. *Die DNA wird in bestimmten Abständen um Nukleosomen gewickelt (Perlenkettenstruktur). Diese Struktur wird spiralfederartig aufgewickelt und bildet so das 30 nm Solenoid, welches wiederum in Kurven gefaltet eine 300 nm Faser ergibt. Die 700 nm Coiled Coil Struktur (= verknäueltes Knäuel) wird aus der 300 nm Faser gebildet und ist wiederum die Grundlage der 1400 nm Coiled coil Struktur, die dann ein Chromatid repräsentiert.*

Zentromere

Die Chromosomen sind fein strukturierte Gebilde, die aus zwei Teilen bestehen – den Chromatiden. Die Chromatiden sind miteinander durch die Zentromere verbunden: üblicherweise teilen Zentromere die Chromatiden nicht genau in zwei Hälften, sondern sind so gelagert, dass jeweils zwei unterschiedlich lange Arme entstehen. Bei der Ortsangabe von Genen oder Strukturen auf den Chromo-

Chromatiden
Zentromere

langer Arm q
kurzer Arm p
Telomer

Kinetochoren
Spindelapparat

somen, wird die Lokalisation am langen Arm mit q, und die am kurzen Arm mit p bezeichnet. Ein Chromosomenarm reicht vom Zentromer bis zum Ende des Chromosoms, dem Telomer (von griech. *telos:* Ende, *merus:* Teil, siehe Abb. 36). Die Zentromere haben während der Zellteilung eine wesentliche Funktion. An den Zentromeren lagern sich vor der Zellteilung Proteinkomplexe an – die Kinetochoren. An diesen Strukturen setzen die Fasern des Spindelapparates an und ziehen die beiden Chromatiden auseinander. Dadurch wird gewährleistet, dass beide Tochterzellen nach der Teilung eine Kopie des jeweiligen Chromosoms erhalten.

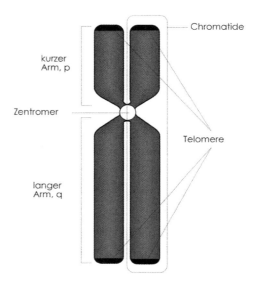

Abb. 36: Aufbau eines Chromosoms

Gene

Einheiten der
Vererbung

Gene sind die Einheiten der Vererbung. Sie sind eine bestimmte Abfolge von Nukleotiden, die in ihrer Gesamtheit einen Code bilden, der für die Zelle bzw. den Organismus wichtige Informationen beinhaltet. Man sagt auch Gene sind die funktionellen Einheiten der Vererbung. In den meisten Fällen enthalten Gene Informationen, die zur Synthese eines Proteins nötig sind. (Man verwendet den Ausdruck, dass Gene *für* Proteine kodieren.) Aber es gibt auch Gene, die nicht für Proteine kodieren, wie zum Beispiel die Gene für die ribosomalen RNAs, die Gene für tRNAs oder die Gene für Mikro RNAs (siehe Abschnitt in Kap. 2.7.3). Im Menschen gibt es ungefähr 25.000 Gene, die etwas mehr als 20 % der gesamten DNA in einer menschlichen Zelle ausmachen. Der größte Anteil (ungefähr 50 %) an DNA-Sequenzen im menschlichen Genom sind sich oft wiederholende Abschnitte, die keinen Informationsgehalt zu haben scheinen. Sie sind durch kurze bewegliche DNA-Elemente entstanden, die sich im Laufe der Evolution ins Genom eingebaut und vermehrt haben. Der Rest des Genoms wird durch DNA-Abschnitte gebildet, die eine regulierende Funktion auf die Gene haben und daher auch regulatorische Elemente genannt werden. Diese Elemente sind dafür verantwortlich, dass Gene zur richtigen Zeit an- bzw. ausgeschalten und in der richtigen Zelle in der richtigen Menge exprimiert werden. Prinzipiell sind Gene stabil, und um sie vor Veränderungen zu bewahren wachen zahlreiche Mechanismen über deren Integrität. Veränderungen in der Gensequenz sind jedoch möglich. Diese Veränderungen bewirken die Entstehung von Mutationen. Ein Organismus, der eine mutierte Gensequenz in sich trägt wird als **Mutante** (*m*) bezeichnet. Organismen die nicht mutierte, normale Gene besitzen, werden **Wildtyp** (engl. *wild-type*, WT) genannt.

Mutationen

wild-type (WT)

Allele

Die Gene sind auf den korrespondierenden Chromatiden in genau gleicher Art, Zahl, und Lage angeordnet. Ein derartig definierter Ort eines Gens wird Genlocus genannt. **Korrespondierende Genloci sind Allele**. Sie sind an der gleichen (korrespondierenden) Stelle eines Chromosoms lokalisiert. Ist sowohl auf dem mütterlichen, als auch auf dem väterlichen Gen eines Allels die gleiche Erbinformation enthalten, so wird die Erbanlage als *homozygot* bezeichnet. Liegen unterschiedliche Informationen vor, so spricht man von *heterozygot* (siehe Abb. 37).

Genlocus

homozygot
heterozygot

Telomere

Die beiden Enden eines Chromosoms heißen Telomere. Da Telomere nur an linearen Chromosomen vorkommen können, findet man sie auch nur in Eukaryoten (prokaryotische Chromosomen sind ringförmig und verfügen damit über keine Endstrukturen). Die Telomere sind, ebenso wie die übrige DNA aus den Basen G, A, T, C zusammengesetzt. Sie besitzen jedoch keine eigentlichen Genstrukturen, und kodieren somit auch nicht für Proteine. Sie bestehen bei den Vertebraten (Wirbeltiere) – d. h. somit auch beim Menschen – aus sich wiederholenden (= repetitiven) Sequenzen, deren Einheit die Basenabfolge (oder Sequenz) TTAGGG besitzt. Da die Anzahl der repetitiven Einheiten variabel ist, schwankt die Länge der Telomere zwischen 4 kb und 20 kb (kb = Kilobasen: das sind 1.000 Ba-

**Chromosomen-
enden**

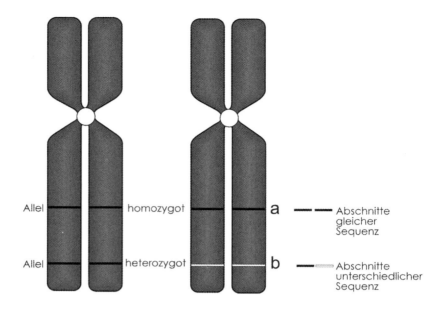

Abb. 37: Anordnung von korrespondierenden Allelen auf homologen Chromo-somen.
a.) homozygote Situation, b.) heterozygote Situation

sen, diese Angabe ist eine gebräuchliche Einheit in der Molekular-biologie für die Länge von DNA-Stücken).

Die Telomere gehen nicht direkt in die funktionelle genomische Re-gion der Chromosomen über, sondern sind von dieser durch eine zusätzliche Strecke von repetitiver DNA getrennt, die als *telomere associated repeats* (TAR) bezeichnet wird, und ebenfalls eine varia-ble Länge von 100–300 kb besitzt. Die Telomere spielen bei der Sta-bilisierung der Chromosomen und bei der Zellalterung eine wich-tige Rolle. Sie verhindern, dass die Zelle die Chromosomenenden als Doppelstrangbrüche in der DNA wahrnimmt. Telomere en-den als 3'-Einzelstrangüberhänge von ungefähr 50 bis 400 Nukleo-tiden.

Aufgrund von elektronenmikroskopischen Studien nimmt man an, dass sich dieser Überhang zurückfaltet und eine Schleife (T-Schlei-fe = T-loop) bildet. Dabei wird ein Teil des DNA-Doppelstrangs auf-gedreht und es entsteht eine kleine Schleife – die so genannte D-Schleife = D-loop. Diese Endstrukturen, die zusätzlich mit Pro-teinen assoziiert sind, vermitteln mit großer Wahrscheinlichkeit die Stabilität der Telomere (siehe Abb. 38).

telomere associa-ted repeats (TAR)

T-Schleife

D-Schleife

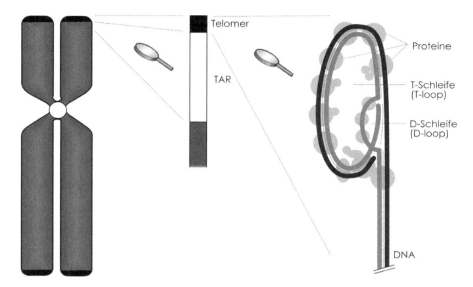

Abb. 38: Lokalisation der Telomere am Chromosom und deren Aufbau im Detail. *Die Skizze verdeutlicht die Lage der Telomere (schwarze Balken) am Chromosom und die Abtrennung der Telomere vom übrigen Teil des Chromosoms durch „Telomer Assoziierte Repeats" (TAR). Das Telomerende legt sich in eine Scheife, deren Aufbau rechts skizziert ist.*

Zusätzlich schützen die Telomere einen Organismus vor „überalterten" Zellen. Dies beruht darauf, dass sich die Telomere in fast allen Zellen eines Organismus mit der Zellteilung verkürzen. Nach heutigen Vorstellungen geschieht Folgendes: im Rahmen jeder Mitose gewährleistet die Verdoppelung der Chromosomen das Entstehen von zwei identischen Tochterzellen. Das dafür verantwortliche Enzym, die DNA-Polymerase, wandert entlang der DNA-Einzelstränge und bewirkt deren identische Replikation. Allerdings endet die DNA-Polymerase in ihrer Aktivität jeweils einige 100 Basen vor dem eigentlichen Ende des Chromosoms. Dadurch entstehen Zellen, deren DNA-Sequenzen identisch sind, deren Enden jedoch im Vergleich zu den Ausgangszellen verkürzt sind. Wird eine Länge der Telomere von ungefähr 4 kb erreicht, ist die Zelle nicht mehr teilungsfähig. Sie befindet sich nun im Stadium des Wachstumsarrests, und hat das so genannte **Hayflick Limit** erreicht. Man spricht bei diesem altersbedingten Zellzyklusarrest auch von zellulärer Seneszenz. In dieser Phase sind Zellen zwar nicht mehr teilungsfähig, aber durchaus noch eine gewisse Zeit lebensfähig. In weiterer Folge wird dann jedoch meist der genetisch gesteuerte Zelltod (Apoptose) eingeleitet.

DNA-Polymerase

**Hayflick Limit
Seneszenz**

Zelltod (Apoptose)

Leonard Hayflick

Hayflick Limit
Entspricht dem Stadium der Teilungsunfähigkeit von Zellen, benannt nach dem Mikrobiologen *Leonard Hayflick*. Dieser entdeckte 1961, gemeinsam mit dem Zytogenetiker *Paul Moorhead*, dass normale humane Fibroblasten in der Zellkultur (d. h. in einer Kulturschale mit Nährmedium) nur zu einer begrenzten Anzahl von Teilungen fähig sind. Dadurch wurde die damals vorherrschende Annahme, dass Zellen in Kultur unbegrenzt wachstumsfähig seien, widerlegt.

Von dieser regulierten Zellalterung ausgenommen sind die Keimzellen sowie diejenigen Zellen, die sich auf Grund ihrer Funktion häufig teilen müssen, wie etwa die Zellen des Immunsystems und

Telomerase

des Knochenmarks. In diesen Zellen wird durch das Enzym **Telomerase** die teilungsbedingte Verkürzung der Telomere ausgeglichen, indem der fehlende Teil jeweils nachsynthetisiert wird. Die Telome-

Reverse Transkriptase

rase ist ein Komplex aus Proteinen und RNA mit einer Reversen Transkriptase Aktivität. Die im Komplex enthaltene RNA bindet an das Telomer und ist damit Vorlage für die Reverse Transkriptase, die anhand der RNA-Sequenz das Ende der DNA verlängert. Dann kommt es zu einer Verschiebung (Translokation) der Telomerase an das neue (verlängerte) DNA-Ende und dort erfolgt erneut die Bindung der RNA. Nun beginnt der Zyklus von neuem (siehe Abb. 39).

Zellteilung ohne Verkürzung der Chromosomen

Die Aktivität des Enzyms Telomerase ermöglicht somit eine Zellteilung ohne bleibende Verkürzung der Telomere und somit ein Leben der Zelle ohne Alterung.

Interessant in diesem Zusammenhang ist, dass im Großteil aller malignen (d. h. bösartigen) Tumoren das Enzym Telomerase dauernd aktiv ist, und so den Tumorzellen „ewige Jugend" trotz häufiger Zellteilung ermöglicht. Dieses Phänomen erklärt unter anderem den Wachstumsvorteil, den neoplastische Zellen gegenüber den im Gesamtverband des Organismus vorliegenden somatischen Zellen besitzen.

2.5.2 Prokaryotische Chromosomen

prokaryotische Zellen

In prokaryotischen Zellen (z. B. Bakterien) liegt die DNA als ein in sich geschlossenes, ringförmiges Molekül vor, ohne in einem eigenen Zellkern organisiert zu sein. Die DNA ist in Schleifen an bestimmte Proteine assoziiert, wodurch eine gewisse Kondensation erreicht wird (siehe Abb. 40). Diese entspricht jedoch nicht der hohen Verpackungsdichte, wie dies in eukaryotischen Zellen durch die Histone ermöglicht wird.

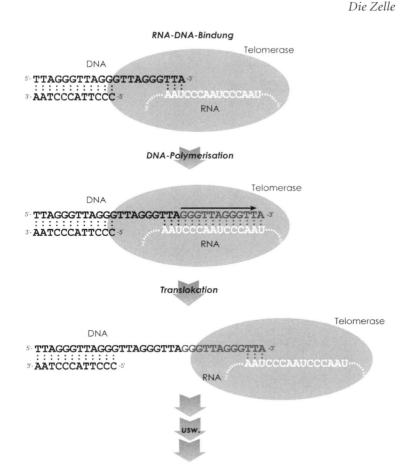

RNA-DNA-Bindung

DNA

5'- **TTAGGGTTAGGGTTAGGGTTA** -3'
3'- **AATCCCATTCCC** -5'   **AAUCCCAAUCCCAAU**

Telomerase

RNA

DNA-Polymerisation

DNA

5'- **TTAGGGTTAGGGTTAGGGTTA**GGGTTAGGGTTA -3'
3'- **AATCCCATTCCC** -5'   **AAUCCCAAUCCCAAU**

Telomerase

RNA

Translokation

DNA

5'- **TTAGGGTTAGGGTTAGGGTTA**GGGTTAGGGTTA -3'
3'- **AATCCCATTCCC** -5'

Telomerase

RNA   **AAUCCCAAUCCCAAU**

USW.

Abb. 39: Telomer Verlängerung. Schrittweiser Ablauf der Telomerase Reaktion

Plasmide

Einige Bakterien besitzen neben den Chromosomen kleine eigenständige DNA-Sequenzen, die Plasmide. Plasmide bestehen aus doppelsträngiger DNA mit ringförmiger Struktur, die in sich verdreht vorliegt (etwa vorstellbar wie ein gewundener Gummiring, siehe Abb. 41).

Plasmide sind doppelsträngige DNA-Ringe, die in bestimmten Bakterien (z. B. *Escherichia coli*, einem Darmbakterium) vorkommen, und die sich unabhängig von den eigentlichen Chromosomen vermehren können.

Plasmide sind nicht essentiell für das Wachstum der Bakterien. Sie tragen jedoch Gene, die in bestimmten kritischen Situationen einen Wachstumsvorteil verschaffen können. Dabei handelt es sich

DNA-Ringe
Bakterien

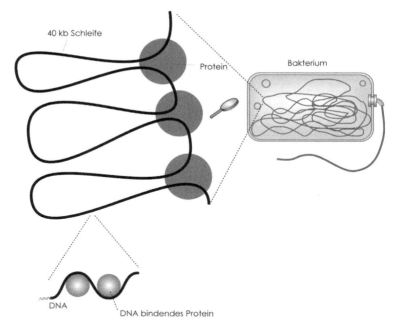

Abb. 40: Struktur des bakteriellen Chromosoms. *Dargestellt ist die lockere Verpackungsdichte.*

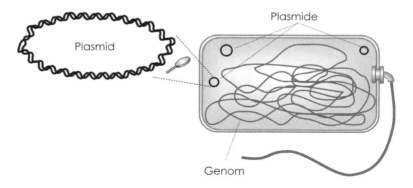

Abb. 41: Plasmide. *Das Schema zeigt die Lokalisation von Plasmiden in Bakterien und deren Struktur.*

Resistenzgene

Toxine

origin of replication

beispielsweise um Gene, die den Bakterien Resistenzen gegen bestimmte Antibiotika (Ampicillin, Tetrazyklin etc.) verleihen, oder die für Toxine kodieren. Zusätzlich tragen alle Plasmide DNA-Abschnitte, die ihnen die autonome Replikation, unabhängig von der Replikation der bakteriellen Chromosomen, ermöglichen. Diese Bereiche werden als *origin of replication* (ori) bezeichnet.

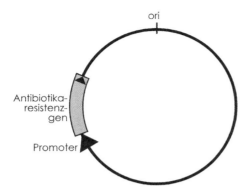

Abb. 42: Aufbau eines einfachen Plasmids. *Neben dem Abschnitt für die autonome Replikation des Plasmids (origin of replication, ori) ist in vielen Plasmiden ein Antibiotikaresistenzgen vorhanden.*

2.6 Zellteilung, Replikation, Zellreifung und Zelltod

2.6.1 Zellteilung

Die Vermehrung der Zellen erfolgt durch die Zellteilung. Sie ist der elementare Vorgang, durch den aus einer Zelle – der befruchtete Eizelle – ein komplexer erwachsener (adulter) Organismus entsteht (**Entwicklung**). Im adulten Organismus ist die Zellteilung die Grundlage der Regeneration abgenützter, geschädigter oder abgestorbener Zellen, d.h. sie kompensiert die Zahl verloren gegangener Zellen und sorgt somit für die Aufrechterhaltung des biologischen Gleichgewichts innerhalb eines Organismus (= **Homöostase**). Die durch die Regeneration neu gebildeten Zellen gehen aus so genannten Stammzellen hervor.

Entwicklung
Regeneration

Homöostase

Abb. 43: Zellteilung. *Das gesamte Genom ist als ein Strich dargestellt.*

Stammzellen

totipotente
Stammzellen

Stammzellen sind nicht spezialisierte Zellen, aus denen sich spezialisierte Zellen entwickeln können. Je nach Entwicklungspotential unterscheidet man **totipotente, pluripotente** und **multipotente Stammzellen. Totipotente** Zellen umfassen die Zellen der frühesten Entwicklungsphase, von der befruchteten Eizelle (Zygote) bis hin zur Blastula (= Maulbeerstadium von 8 bis 32 Zellen). Totipotente Stammzellen (lat. *totus*: ganz, *potentia*: Vermögen, Fähigkeit), können alle differenzierten Zellen bilden, die für die Entstehung eines Lebewesens notwendig sind (dies umfasst nicht nur alle embryonalen Gewebetypen, sondern auch die so genannten extraembryonalen Gewebe, wie beispielsweise Dottersack und Plazenta). **Pluripotente** Stammzellen sind fähig, alle Zelltypen des Embryos zu bilden (ohne die extraembryonalen Gewebe, siehe Abb. 44), **multipotente** Stammzellen sind „nur mehr" in der Lage ihnen verwandte Zellarten (z. B. alle Blutzellen) hervorzubringen.

pluripotente
Stammzellen

multipotente
Stammzellen

Stammzellen werden auch nach ihrer Herkunft in embryonale, fötale und adulte Stammzellen eingeteilt.

embryonale
Stammzellen

Die **embryonalen Stammzellen** (ES-Zellen) entstammen dem Zellverband eines sehr frühen Embryos und können alle Zellen eines Lebewesens bilden.

Die **fötalen Stammzellen** stammen von den Keimzellanlagen des Embryos eines späteren Entwicklungsstadiums, in dem bereits die Organanlagen und Differenzierung erfolgt sind.

adulte
Stammzellen

Die **adulten Stammzellen** entstammen einem erwachsenen Organismus.

Die Stammzellforschung selbst hat sich in den letzten Jahren zu einem bedeutenden Bereich in der Molekularbiologie und Gentechnologie entwickelt. Die Ziele der Stammzellforschung sind jedoch nicht unumstritten.Obwohl in der Möglichkeit der Verwendung embryonaler Stammzellen im Kampf gegen bestimmte Krankheiten Menschen einen Vorteil erwarten, besteht große Sorge vor deren Missbrauch, z. B. menschliches Klonen.Die embryonale Stammzellforschung stellt derzeit eine der großen ethischen Herausforderungen der Gesellschaft dar.

Die Steuerung aller für die Zellteilung nötigen biologischen Abläufe geht von einem Programm aus, das in der DNA gespeichert vorliegt. Dieses Programm trägt jede Zelle eines Organismus in sich. Es wird durch die Teilung der Zelle in identischer Form an die entstehenden Tochterzellen weitergegeben. Dadurch ist die Einheit eines Lebewesens biologisch garantiert. Bei der Vermehrung von Lebewesen wird das Programm ebenfalls an die nachfolgende Generation vererbt. Allerdings entspricht es dann einem ausgewogenen Gemisch aus mütterlichem und väterlichem Anteil.

Zellzyklus

Die Zellteilung selbst unterliegt einem streng geregelten Ablauf, dem Zellzyklus.

Bedenkt man, dass ein Mensch aus **einer** befruchteten Eizelle hervorgeht, so kann man erahnen, wie vieler Zellzyklen es bedarf, um ein erwachsenes Individuum mit einer Gesamt-Zellzahl von ca. 10^{14} Zellen entstehen zu lassen.

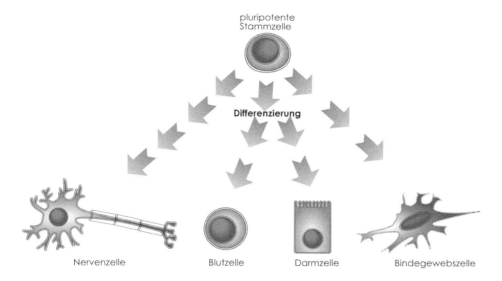

Abb. 44: Differenzierung einer pluripotenten Stammzelle

Phasen des Zellyklus

Jeder Zellzyklus durchläuft 4 Phasen:
• G1-Phase (Gap 1-Phase)
• S-Phase (Synthese-Phase)
• G2-Phase (Gap 2-Phase)
• M-Phase (Mitose-Phase)
Der Name *gap* (engl. für Lücke, Unterbrechung) rührt daher, dass während dieser Phasen bei lichtmikroskopischer Betrachtung keine wesentlichen Veränderungen erfassbar sind, d. h. als ob eine Pause eingelegt worden wäre.

Die Phasen G1, S und G2 bilden die Interphase. Die Interphase ist die Vorbereitungsphase für den Ablauf einer fehlerfreien Mitose. In der M-Phase erfolgt dann die eigentliche Aufteilung der DNA und der Zellbestandteile in zwei idente Tochterzellen.

Die Phase, während der sich eine Zelle nicht im Zellzyklus befindet, wird als Ruhephase bezeichnet (G0-Phase). Während dieser Zeit kommt es zur Ausreifung der Zelle (Differenzierung) und zur Erfüllung der jeweils speziellen Aufgaben. Um in den Zellzyklus einzutreten, muss die Zelle die G0-Phase verlassen. Dies geschieht in der Regel durch Signale, die von außen an die Zelle herangebracht werden. Typische Signale kommen über bestimmte Proteine, die Wachstumsfaktoren, die an speziellen Rezeptoren der Zelloberfläche binden. Dadurch verlässt die Zelle die G0-Phase, und der Be-

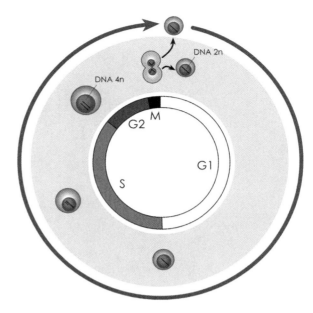

Abb. 45: Zellzyklus

ginn des Zellzyklus wird durch Eintritt in die G1-Phase vorbereitet (siehe Abb. 45).

G1-Phase

G1-Phase

Während dieser Phase wird die Bereitstellung aller Komponenten für die Verdoppelung der DNA vorgenommen. Sie entspricht der ersten Vorbereitungsphase im Zellzyklus, und trägt die Zusatzbezeichnung *gap* völlig zu Unrecht. Es ist eine biologisch hochaktive Phase mit Proteinsynthese und Kontrollen, in der die Zelle überprüft, ob die Voraussetzungen gegeben sind, die Zellteilung einzuleiten.

In dieser Phase bleibt der DNA-Gehalt unverändert, d. h. bei diploiden Organismen (Lebewesen mit doppeltem Chromosomensatz [2n DNA-Gehalt] und je zwei homologen Chromosomen) liegt die Erbinformation in Paaren vor (23 Paare beim Menschen).

S-Phase

S-Phase

Während der S-Phase wird die chromosomale DNA verdoppelt, das heißt durch Synthese identisch repliziert. Man spricht deshalb auch von Synthese- oder Replikations-Phase (siehe auch Kapitel 2.6.2).

Da sich jedes der Chromosomenpaare repliziert, liegen am Ende der S-Phase je vier homologe Chromosomen vor (4n DNA-Gehalt).

G2-Phase

G2-Phase

Ist die zweite Vorbereitungsphase während des Zellzyklus, während der nun der eigentliche Vorgang der Zellteilung vorbereitet wird. Zusätzlich laufen auch während dieser Phase Kontrollen auf mögliche Fehler ab.

M-Phase, Zellteilung (Chromosomensegregation, Mitose)

M-Phase
Mitose

Die M-Phase ist die eigentliche Teilungsphase, an deren Ende die Ausbildung von zwei identischen, fehlerfrei strukturierten Tochterzellen steht. Die Mitose wird in einzelne lichtmikroskopisch unterscheidbare Phasen unterteilt (siehe Abb. 46).

Die Phasen der Mitose

Mitose
Prophase

- In der **Prophase** trennt sich das Centriolenpaar und wandert an entgegengesetzte Pole der Zelle (Centriolen sind der Ausgangspunkt der Mitosespindel). Zwischen den Polen werden so genannte Polfasern aufgebaut. Die Chromosomen kondensieren sichtbar zu zwei analogen Chromatidenpaaren, die nur am Zentromer zusammenhängen. Am Ende der Prophase beginnt die Kernhülle zu fragmentieren.

Prometaphase

- In der **Prometaphase** zerfällt die Kernhülle und die Chromosomen sammeln sich im Zentrum der Zelle. An den Zentromeren setzen bestimmte Fasern des Spindelapparates (= Kinetochorfasern) an.

Metaphase

- Die **Metaphase** ist die Hauptphase der Mitose, in der die Chromosomen maximal verkürzt und verdickt zwischen beiden Polen in der zentralen Fläche der Zelle, der Äquatorialebene, ausgerichtet werden.

Anaphase

- In der **Anaphase** sind die Chromatidenhälften vollständig voneinander getrennt. Die Spindelfasern ziehen die Chromatiden zu den Polen.

Telophase

- Die **Telophase** ist die letzte Phase der Mitose und folgt übergangslos auf die Anaphase. Hier erreichen die Chromosomen die Pole, die Kinetochorfasern depolymerisieren und die Zellkernteilung wird mit der eigentlichen Zellteilung (= Zytokinese) abgeschlossen (siehe Abb. 46).

Meiose

Wie bereits am Anfang dieses Kapitels erwähnt, entwickeln sich höhere Organismen aus einer befruchteten, mit doppeltem Chromosomensatz ausgestatteten Eizelle (Zygote). Da Ei- und Samenzelle während der Befruchtung verschmelzen, müssen beide konsequenterweise einen einfachen Chromosomensatz aufweisen, um in Summe die diploide Zygote zu ergeben. Dies wird mit Hilfe einer speziellen Art der Zellteilung – der Meiose – erreicht. Die Meiose (griech. *meioo*: vermindern, verkleinern) ist eine spezielle Form der Zellteilung, die auch als **Reduktionsteilung** bezeichnet wird. Im Gegensatz zur Mitose, wird hier der Chromosomensatz vom diploiden (2n) auf den einfachen (= haploiden, n) Zustand reduziert. Die

Reduktionsteilung

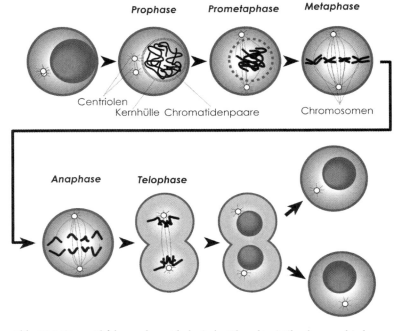

Abb. 46: Mitose. *Abfolge und morphologische Charakteristika der verschiedenen Phasen der Mitose in einer Zelle mit vier Chromosomen.*

haploider Chromosomensatz Keimzellen

Meiose vollzieht sich immer in zwei Phasen, der 1. und 2. meiotischen Teilung (Meiose I und II), und führt letztendlich zu vier haploiden Einzelzellen, die als Keimzellen (oder Gameten) bezeichnet werden.

Meiose I

Während der **Meiose I** wird der verdoppelte Chromosomensatz der diploiden Zelle auf die Hälfte reduziert. Während der Reduktion können Chromosomen auf verschiedene Arten miteinander rekombiniert werden. Nach dieser Reduktionsteilung liegen zwei Zellen mit je einem Chromosomensatz vor. Dies kommt daher, dass die Chromosomen immer noch als Zwei-Chromatiden-Chromosom vorliegen, da sich ja nur der Chromosomensatz, nicht die Chromosomen selbst getrennt haben. Deshalb wird nach der Reduktionsteilung auch keine Replikation initiiert und nach einer kurzen Interphase folgt die **Meiose II (Äquationsteilung)**. Dieser Schritt

Meiose II

ähnelt, bis auf das Vorliegen eines haploiden Chromosomensatzes, einer normalen Mitose, während der die Chromatiden voneinander getrennt werden. Nach der Teilung der Zellen liegen nun vier haploide Tochterzellen vor (siehe Abb. 47).

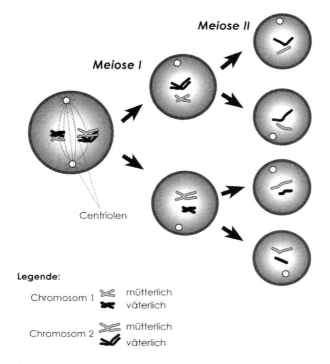

Abb. 47: Schematische Darstellung der Meiose. *In der Meiose I können mütterliche und väterliche Chromosomen gemischt aufgeteilt werden (wie hier der Fall). Der doppelte Chromosomensatz wird in der Meiose I oder Reduktionsteilung auf die Hälfte reduziert. In der Meiose II werden die Chromatiden wie in der Mitose getrennt.*

2.6.2 Replikation

Replikation oder **Reduplikation** bezeichnet die Verdoppelung eines DNA-Moleküls. Die vollständige Replikation der gesamten DNA einer Zelle während der S-Phase ist Voraussetzung für die Zellteilung. Die Replikation erfolgt nach dem semikonservativen Prinzip: die Doppelstränge der DNA teilen sich in zwei Einzelstränge auf, entlang derer die nun fehlende DNA nachsynthetisiert wird. Dadurch entstehen zwei doppelsträngige DNA-Moleküle, von denen jeweils ein Strang dem „alten", und der andere dem „neuen" entspricht (daher semikonservativ). Die so entstandenen zwei Doppelstränge können nun auf zwei Zellen aufgeteilt werden (siehe Abb. 48).
Die Replikation beginnt mit dem Auflösen der Wasserstoffbrückenbindungen zwischen den Basen durch das Enzym Helikase. Dadurch entsteht eine Y-förmige Struktur (wie eine Weggabelung). Die unmittelbare Stelle, an der die Einzelstränge auseinander weichen, be-

Reduplikation

semikonservativ

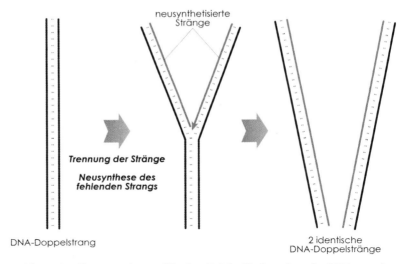

Abb. 48: Semikonservative Replikation. Bei der Verdoppelung der DNA entstehen zwei neue Doppelstränge mit je einem „alten" Mutterstrang (schwarz) und einem neu synthetisierten Tochterstrang (grau).

Replikationsgabel
Topoisomerase

DNA-Polymerase

DNA-Synthese

Primase

zeichnet man auch als Replikationsgabel. Durch die Bewegung der Replikationsgabel wird der Teil der geschlossenen Doppelhelix stark überdreht; diese „Überspiralisierung" wird durch das Enzym Topoisomerase vermindert. Die getrennten Einzelstränge liegen nun frei und gestreckt vor, und die Synthese eines neuen DNA-Strangs entlang der dargebotenen Vorlage kann durch die DNA-Polymerase erfolgen. Die DNA-Polymerase ist ein Enzym, das freie Nukleotide (die Bausteine der DNA, vgl. Abb. 27) anhand einer Vorlage miteinander zu langen Polynukleotidketten (daher der Name Polymerase) verknüpft, wodurch ein neuer DNA-Strang entsteht (siehe Abb. 49).

Die DNA-Polymerase kann Nukleotide nur an das 3'-Ende der DNA anheften (vgl. dazu Kapitel 2.4). Die DNA-Synthese erfolgt somit immer nur in 5'-3'-Richtung. Die DNA-Polymerase braucht dabei unbedingt schon ein kurzes Polynukleotid (= Primer), an dessen 3'-OH-Ende sie mit der Synthese beginnen kann. Dieses kurze Stück wird vom Enzym Primase synthetisiert, besteht aus Ribonukleotiden, und ist somit RNA und leistet quasi Starthilfe für die DNA-Synthese (siehe Abb. 50).

Untersuchung von DNA

Wie in Kapitel 2.4 bereits dargestellt, verlaufen die beiden Stränge der DNA gegenläufig (antiparallel). Wenn sich nun die Replika-

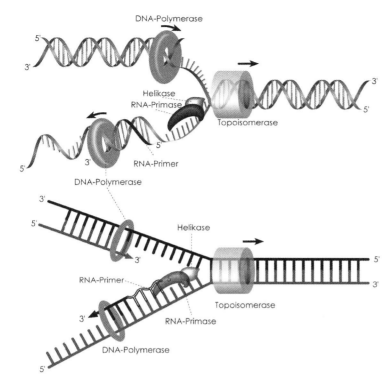

Abb. 49: *Schematische Darstellung der Replikation. Der obere Teil der Abbildung zeigt die räumliche Situation während der Replikation (DNA in helikaler Form). Unten ist die Replikationsgabel zur besseren Übersichtlichkeit vereinfacht dargestellt.*

tionsgabel nach vorwärts bewegt, liegt ein Strang in 3'-5'-Richtung und ein Strang in 5'-3'-Richtung vor. Am 3'-5' gerichteten Strang kann an das 3'-OH-Ende des RNA-Primers durch die Polymerase das erste Nukleotid angehängt werden. Weitere Nukleotide können kontinuierlich angeheftet werden und der Tochterstrang wird gebildet (siehe Abb. 50). Der 3'-5' gerichtete Einzelstrang dient dabei als Matrize für die Anlagerung der komplementären Nukleotide. Da hier die DNA-Synthese kontinuierlich abläuft, heißt der Strang auch Leitstrang (engl. *leading strand* oder Vorwärts-Strang oder kontinuierlicher Strang).

leading strand

Beim 5'-3' gerichteten Strang ist dies nicht möglich, da er in die „falsche" Richtung verläuft. Er wird auch als Folgestrang (engl. *lagging strand*, auch Rückwärts-Strang oder diskontinuierlicher Strang) bezeichnet. Aufgrund der Orientierung kann die Polymerase nur kurz und nicht kontinuierlich wirken, sodass der Polymerisationsprozess immer wieder von neuem eingeleitet werden muss.

lagging strand

Die Zelle

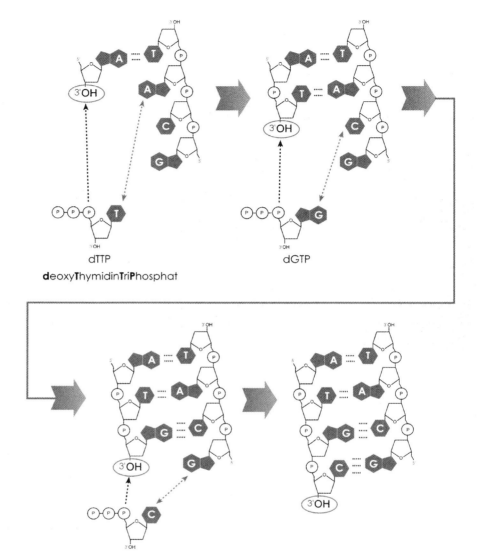

Abb. 50: DNA-Aufbau. *Die Abbildung zeigt die Polymerisation eines DNA-Strangs in 5'-3'-Richtung komplementär zu dem Matrizenstrang. An das freie 3'-OH-Ende des Adenosins (grau umrahmtes OH), das bereits mit T im Matrizen-strang gepaart ist, wird komplementär (siehe Doppelpfeil) zum nächsten Nukleotid der Vorlage (A) ein deoxy-ThymidinTriPhosphat (dTTP) angelagert. Der neusynthetisierte Strang wird dadurch um ein T verlängert und besitzt nun ein neues, freies 3'-OH. Aufgrund der Regel der Basenpaarungen wird nun ein dGTP verwendet um komplementär zum C in der Vorlage ein G im neuen Strang anzuhängen. Zuletzt wird ein C komplementär zum G eingebaut.*

Dafür ist natürlich auch für jeden der kleinen Syntheseschritte die Bildung eines neuen RNA-Primers nötig, der im Bereich der Replikationsgabel gebildet wird. Die Primer werden in bestimmten Abständen am 5'-3'-Strang synthetisiert und anschließend durch die DNA-Polymerase verlängert. Diese Synthese endet am 5'-Ende des vorhergehenden Fragments. Die kurzen Stücke an neu synthetisierter DNA nennt man auch nach deren Entdecker Okazaki-Fragmente (siehe Abb. 51). Damit nun ein kontinuierlicher Strang entsteht, der keine RNA-Stücke enthält, werden noch während der Replikation die RNA-Primer entfernt, die entstandene Lücken mit DNA aufgefüllt und die DNA-Abschnitte mit Hilfe des Enzyms DNA-Ligase verbunden.

RNA-Primer

Okazaki-Fragmente

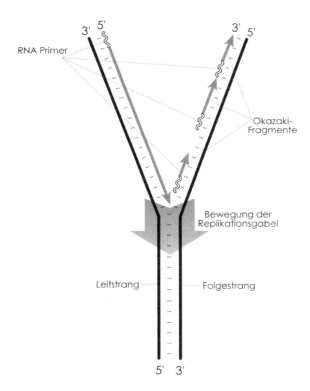

Abb. 51: Okazaki-Fragmente. Die Synthese der DNA am Folgestrang ist, da sie nur in 5'-3'-Richtung erfolgen kann, diskontinuierlich. Von der Primase werden in bestimmten Abständen RNA-Primer gesetzt, von denen aus kurze DNA-Stücke in 5'-3'-Richtung synthetisiert werden – die Okazaki-Fragmente.

2.6.3 Zellreifung (Differenzierung)

Differenzierung

Der Prozess der Spezialisierung von Zellen aus deren unspezialisierten Vorläufern (Stammzellen) wird in der Biologie als Differenzierung bezeichnet. Während der Differenzierung werden bestimmte Gene angeschaltet (oder aktiviert) und andere deaktiviert. Dieses Ändern des Genexpressionsprogramms unterliegt einer sehr komplexen Regulation, und ermöglicht einer Zelle spezielle Strukturen aufzubauen oder bestimmte Fähigkeiten zu entwickeln. Beispiele von Differenzierungen, die permanent im menschlichen Körper ablaufen sind: die Spezialisierung von Darmstammzellen zu Darmepithelien, die ständige Produktion von Blutzellen aus hämatopoietischen Vorläuferzellen oder das ständige Erneuern der Haut aus den Hautstammzellen.

2.6.4 Zelltod (Apoptose)

Apoptose

programmierter Zelltod

Die Apoptose, ist ein durch ein bestimmtes Signal ausgelöster, von der Zelle selbst gesteuerter, genetisch verankerter Vorgang, der zu ihrem eigenen Zelltod führt. Man spricht auch von programmiertem Zelltod (programmed cell death, PCD). Dieser zieht eine Reihe von morphologischen Veränderungen in der Zelle mit sich, wie z. B. ein Abrunden der Zelle, ein Aufrauen der Zellmembran und die Fragmentierung der DNA und des Zellkernes (siehe Abb. 52). Die Apoptose spielt eine wesentliche Rolle:
- während der Entstehung eines Lebewesens (Embryonalentwicklung), zur Entfernung von primär angelegten und im Laufe der Entwicklung nicht mehr benötigten Strukturen,
- als Schutz durch Entfernung von geschädigten Zellen (DNA-Schaden, Virusinfektion),
- zur Aufrechterhaltung der Homöostase (d. h. zur Erhaltung des Gleichgewichts unterschiedlicher Zellen in einem Organ oder in einem ganzen Organismus) (siehe Abb. 52).

Ein eindrucksvolles Beispiel der Apoptose ist die Entstehung der Finger während der Embryonalentwicklung. Die Hand wird in der frühen Embryonalphase als Platte angelegt und weist die Form eines Tischtennisschlägers auf. Die Entwicklung der Finger erfolgt nicht nur durch ein Aussprossen länglicher Strukturen, sondern auch durch ein gezieltes, vom Organismus gesteuertes Absterben bestimmter Bereiche (siehe Abb. 53).

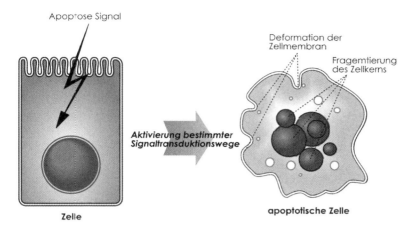

Abb. 52: Ablauf der Apoptose

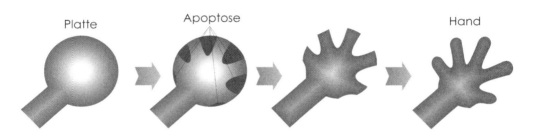

Abb. 53: Entwicklung der Finger einer Hand durch kontrollierte Apoptose

2.7 Genexpression

2.7.1 Einleitung

Durch den Vorgang der Genexpression wird die in den Genen vorliegende Information umgesetzt und biologisch wirksam. Die Genexpression ist somit die Grundlage der Steuerung aller biologischen Mechanismen einer Zelle. Während der Genexpression verbleibt bei den Eukaryoten die DNA im Zellkern. Die Informationsübertragung aus dem Zellkern übernimmt ein Molekül, das jeweils speziell, entsprechend der Sequenz des jeweiligen Gens, synthetisiert wird. Dieser biologische Bote bringt dann die Information an die Stelle der Zelle, an der die Synthese der Proteine erfolgt. Die Genexpression ist somit die Grundlage jeder Proteinsynthese.
Der Ablauf ist in zwei Stadien geregelt (siehe Abb. 54):

Genexpression

Transkription

Translation

1. **Transkription:** Umschreiben der DNA-Sequenz in ein Botenmolekül (mRNA, engl. *messenger RNA*)
2. **Translation:** Übersetzen der RNA-Botschaft in ein Protein. Ein anschauliches Beispiel dazu: Die Transkription gleicht dem Kopieren einer Seite eines kostbaren Buches, das nur in der Bibliothek erlaubt ist (= die DNA verbleibt im Zellkern). Ein Bote bringt die Kopie aus der Bibliothek heraus (= Zytoplasma), wo die Übersetzung in eine andere Sprache (Translation) vorgenommen werden kann.

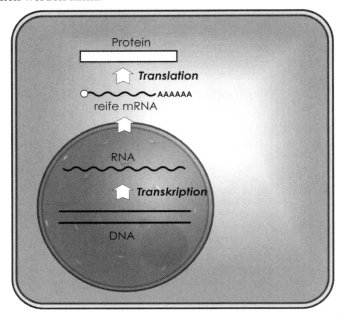

*Abb. 54: **Vom Gen zum Protein.** Schematische Darstellung der Orte von Transkription und Translation*

Transkription und Translation laufen praktisch immer hintereinander und in dieser Reihenfolge ab, sodass der Prozess der Genexpression/Proteinsynthese nur in eine Richtung möglich ist, nämlich in der von der DNA zur RNA zum Protein.

Proteinsynthese

Reverse Transkription
Ausnahmen bilden die RNA-Viren, die ihre genetische Information in Form von RNA tragen (daher der Name). Um in einer Zelle leben zu können, machen sich Viren den Genexpressionsapparat ihres Wirts zu Nutze. Voraussetzung dafür ist, dass genetische Information von RNA in eine für die Zelle lesbare DNA umgeschrieben wird. Dies erfolgt durch ein von den Viren mitgebrachtes Enzym, der Reversen Transkriptase (RT). Wie der Name besagt, bewirkt dieses Enzym eine „rückläufige" Transkription, von der RNA der Viren in eine komplementäre DNA (engl. *complementary DNA*, cDNA).

cDNA

2.7.2 Transkription

Die Transkription ist die erste Phase der Informationsübertragung von der DNA zum Protein. Da die DNA bei Eukaryoten immer im Zellkern bleibt, ist der Einsatz einer Botensubstanz nötig, die die Information aus dem Zellkern in das Zytoplasma transportiert, wo letztendlich die Proteinsynthese durchgeführt werden kann. Diese Botensubstanz trägt die Kopie des jeweiligen genetischen Codes. Sie ist jedoch von anderer chemischer Art als die DNA. Wie schon im Kapitel 2.4 dargestellt, liegt der Unterschied im Aufbau des Zuckergerüstes, das von Ribose gebildet wird, deshalb der Name Ribonukleinsäure (RNA).

Während der Transkription erfolgt das Umschreiben von DNA in RNA. Die jeweiligen Nukleotide werden komplementär zum Code der DNA aneinander gereiht. Eine Ausnahme bildet Thymin, das in der RNA durch Uracil (U) ersetzt wird. (Basenpaarungen: C-G, G-C, U-A, A-U). Die transkribierte RNA weist somit die gleiche Information wie die DNA auf, die dafür als Matrize diente. Durch die Transkription erfolgt die Synthese einer RNA genau nach der Sequenz eines definierten DNA-Abschnittes (Gen). *Umschreiben von DNA in RNA*

Sowohl in Prokaryoten als auch in Eukaryoten erfolgt die Transkription in 3 Phasen:

• Initiation
• Elongation
• Termination

Während der **Initiation** erfolgt die Bindung des für die RNA-Synthese notwendigen Enzyms (die *RNA-Polymerase, Pol)* an die doppelsträngige DNA, weiters die Auflösung des Doppelstranges an der Bindungsstelle in zwei Einzelstränge sowie die Anlagerung der Polymerase an eine spezielle Stelle, die am Anfang des Gens lokalisiert ist, und Promotersequenz oder Promoter genannt wird. **Initiation** **RNA-Polymerase**

Während der **Elongation** findet die Synthese der RNA statt. Es kommt zum Aneinanderketten von Nukleotiden an den 3 -Enden des wachsenden RNA-Moleküls. Die *Pol* wandert dabei entlang des Gens, quasi wie auf einer Schiene. Ein kleiner Teil des jeweils zu transkribierenden Abschnitts wird durch das Enzym in Einzelstränge aufgelöst, und danach sofort wieder geschlossen. Derjenige Einzelstrang, der die Matrize für die RNA-Synthese bildet, heißt Matrizenstrang (siehe Abb. 55). **Elongation** **Matrizenstrang**

Die **Termination** bedeutet die Beendigung des Vorganges. Diese erfolgt an einer speziellen Stelle des Gens, dem **Terminator**, der im Anschluss an die kodierende Gensequenz lokalisiert ist. **Termination**

Die Zelle

Matrizenstrang und kodierender Strang

Für die Transkription ist es nötig, dass sich die beiden Stränge der Doppelhelix trennen, sodass entlang eines der Stränge die RNA gebildet werden kann. Die Öffnung der Stränge erfolgt im unmittelbaren Bereich der zu transkribierenden DNA. Dadurch kommen die einzelnen Nukleotide frei zu liegen, sodass Schritt für Schritt die RNA in komplementärer Sequenz gebildet werden kann. Das Ablesen der Sequenz erfolgt nur von einem der beiden DNA-Stränge.

Matrizenstrang
antisense strand

Dieser Strang wird als Matrizenstrang *(template* Strang oder *antisense strand)* bezeichnet. Der zweite DNA-Strang spielt bei der Transkription keine bekannte Rolle. Das Ablesen der DNA erfolgt in der 3'-5'-Richtung. Da die RNA spiegelbildlich zu der DNA entsteht, erfolgt deren Synthese in 5'-3'-Richtung. Dies hat zur Folge, dass die Sequenz der RNA komplementär zu der des Matrizenstranges ist, und somit mit der Sequenz des nicht abgelesenen, komplementären DNA-Strangs übereinstimmt. Die Sequenz des nicht abgelesenen DNA-Strangs entspricht somit der Sequenz der RNA, weshalb

sense strand

dieser DNA-Strang als *sense strand* bezeichnet wird (siehe Abb. 55).

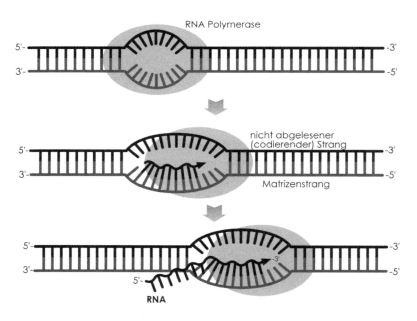

Abb. 55: Der Ablauf der Transkription. *Schematische Darstellung der Transkription (helikale Struktur der DNA)*

Promoter

Die initiale Bindung der RNA-Polymerase kann nicht wahllos an zufälligen Stellen eines Gens stattfinden, sondern erfolgt an ganz bestimmten Bindungsstellen. Diese Bindungsstellen sind die Promoter. Promoter haben bestimmte charakteristische Eigenschaften. Sie sind immer an ähnlichen Stellen eines Gens gelagert und besitzen annähernd gleiche Sequenzabschnitte. Der Promoter eines Gens definiert, welcher DNA-Strang transkribiert wird.

Typischerweise liegen die Promoter vor der zu transkribierenden Sequenz. Diese Lage wird als stromaufwärts bezeichnet (betrachtet man die Ausrichtung eines Gens nach der Richtung, in der die Transkription erfolgt, wie einen Fluss, so liegt der Promoter nah an der Quelle und somit stromaufwärts – *upstream*. Die Transkription selbst erfolgt in ihrem Verlauf stromabwärts – *downstream*, siehe Abb. 56).

Promoter

upstream
downstream

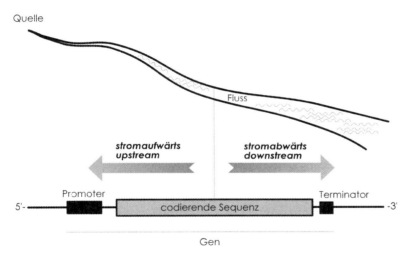

Abb. 56: Richtung eines Gens. Vergleicht man die Ausrichtung eines Gens mit einem Fluss, so liegt nach einer eingeführten Konvention der Promoter immer stromaufwärts, das Stop-Codon und der Terminator stromabwärts.

Generell verfügen Promoter sowohl bei Prokaryoten als auch bei Eukaryoten über ähnliche und teilweise übereinstimmende Sequenzen. Solche Gemeinsamkeiten von Sequenzen werden generell als Konsensussequenzen bezeichnet.

Bei Prokaryoten sind 2 Promoter-Sequenzen typisch. Die eine ist die Pribnow-Box, mit der Konsensussequenz TATAAT. Sie ist 10 bp vor dem Transkriptionsstarts (wird auch oft mit +1 bezeichnet) lo-

Konsensus-
sequenzen

kalisiert. Eine zweite Sequenz liegt typischerweise 35 bp stromaufwärts des Gens, mit der Konsensussequenz TTGACA (siehe Abb. 57). Schreibweise: (-35)-Box: 5'-TTGACA-3' bzw. (-10)-Box: 5'-TATAAT-3'

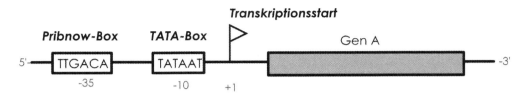

Abb. 57: Struktur eines Promoters bei Prokaryoten. *Der Transkriptionsstart jedes beliebigen Gens A wird mit +1 bezeichnet, stromaufwärts davon werden die Nukleotide mit negativen Vorzeichen versehen. Die TATA-Box liegt demnach 10 Nukleotide vom Transkriptionsstart entfernt, die Pribnow-Box ist 35 Nukleotide weiter „upstream".*

Bei Eukaryoten ist die Situation etwas komplexer, da 3 unterschiedliche RNA-Polymerasen vorliegen (siehe unten), die an unterschiedliche Promoter-Sequenzen binden, und auch für unterschiedliche Transkriptionen verantwortlich sind. Eine typische Konsensussequenz für die RNA-Polymerase II (das Hauptenzym der eukaryotischen Transkription) ist die so genannte TATA-Box, die sich üblicherweise 25–30 bp stromaufwärts des Transkriptionsstartpunktes befindet.

Schreibweise: (-25)-Box: 5'-TATAAAT-3'

Ein weiteres Beispiel ist die CAAT-Box, die bei -70 bp liegt (siehe Abb. 58).

Zusätzlich spielen noch andere Sequenzen, die, in Abschnitten von mehreren hundert bp Länge, weiter stromaufwärts gelegen sind, eine wichtige Rolle.

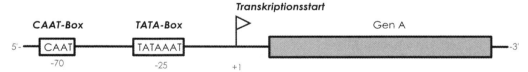

Abb. 58: Struktur eines Promoters bei Eukaryoten. *Die CAAT-Box liegt 70 Nukleotide, die TATA-Box 25 Nukleotide vom Transkriptionsstartpunkt der RNA entfernt.*

RNA-Polymerasen und Transkriptionsfaktoren

RNA-Polymerasen Wie bereits erwähnt sind RNA-Polymerasen Enzyme, die Transkriptionen katalysieren. Prinzipiell können die RNA-Polymerasen nicht von sich aus aktiv werden. Sie benötigen dafür spezielle Helferproteine, die sich an die DNA binden, und so die Polymerasen auf die Schiene des kodierenden Stranges bringen. Diese Proteine, die zu

einem eigenen Komplex zusammenfinden, sind die Transkriptionsfaktoren (TF).

Transkriptions-
faktoren (TF)

Prokaryoten und Eukaryoten verfügen über unterschiedliche Systeme der Transkription. In Bakterien (z. B. *E. coli)* ist nur ein Typ der
RNA-Polymerase verfügbar, während in Eukaryoten 3 unterschiedliche Typen aktiv sind, die ***RNA-Polymerasen I, II und III***. Auch erfolgt die Initiation der Transkription auf unterschiedliche Arten.
Während bei Prokaryoten ein Transkriptionsfaktor (der Sigma-Faktor, σ) die Transkriptionsinitiation katalysiert, wirken bei Eukaryoten mehrere Faktoren, die sich zu einem Proteinkomplex zusam-
menschließen.

Der σ-Faktor als Transkriptionsfaktor in Prokaryoten

σ-Faktor

Die bakterielle RNA-Polymerase liegt in zwei Formen vor, als Holoenzym (gesamtes Enzym) und als Core-Enzym (Teil des Gesamten-
zyms, Molekulargewicht ~ 400 kD).

Holoenzym
Core-Enzym

Das Holoenzym besteht aus dem Core-Enzym und dem dissoziab-
len (abspaltbaren) σ-Faktor, dem die eigentliche Rolle eines Transkriptionsfaktors zukommt (siehe Abb. 59).

Holoenzym

*Abb. 59: RNA-Polymerase bei Prokaryoten. Die RNA-Polymerase liegt als so ge-
nanntes Holoenzym vor, das sich aus zwei dissoziierbaren Untereinheiten zusam-
mensetzt – dem Core-Enzym und dem Sigma-Faktor (σ).*

Die Funktion des σ-Faktors ist es, die Promoter-spezifische Initiation zu katalysieren. Ohne σ-Faktor kann die RNA-Polymerase die
Promoterregion nicht erkennen. Eine weitere wichtige Funktion des
σ-Faktors ist das Auftrennen der Doppelhelix,wodurch die Start-
stelle für das Holoenzym zugänglich wird. Für die Bindung an die
DNA und für die eigentliche Transkription (Elongation) ist dann
nur mehr das Core-Enzym nötig. Nachdem die Elongation, und somit die eigentliche Transkription stabil ist, wird der σ-Faktor vom
Holoenzym abgespalten. Das nun an der DNA verbleibende Core-
Enzym katalysiert die Synthese der RNA. Nach Beendigung (Termination) der Transkription gibt das Core-Enzym die DNA und die

σ-Zyklus

neu synthetisierte RNA frei. Das freie Core-Enzym vermag nun wiederum einen σ-Faktor zu binden, um neuerlich eine (andere) Transkription zu katalysieren. Die dafür verfügbaren σ-Faktoren stehen in einem Pool permanent zur Verfügung. Der σ-Faktor ist somit das Schlüsselprotein der Transkriptionsinitiation und entspricht den Transkriptionsfaktoren bei Eukaryoten. Der Kreislauf von gebundenen und freigesetzten σ-Faktoren wird als σ-Zyklus bezeichnet (siehe Abb. 60). Die rasche Verfügbarkeit des Faktors aus einem Pool, der immer wieder von den aus den Holoenzymen freigesetzten Faktoren gespeist wird, gewährleistet eine rasche Transkription und somit auch ein schnelles Reagieren der Bakterien auf geänderte Verhältnisse.

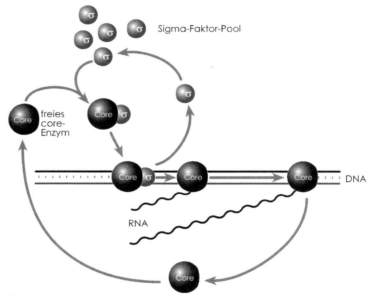

Abb. 60: Sigma-Zyklus. *Das Core-Enzym bindet an einen Sigma-Faktor aus dem zellulären Pool und kann dann an die DNA binden und die DNA-Doppelhelix an der Bindungsstelle auftrennen. Danach kann das Core-Enzym alleine weiterarbeiten, der Sigma-Faktor wird abgespalten und wieder dem Pool der freien Sigma-Faktoren zugeführt. Nach dem Ende der Transkription liegt das Core-Enzym frei vor. Mit Bindung eines Sigma-Faktors beginnt der Kreislauf von neuem.*

Transkriptionsfaktoren in Eukaryoten

Eukaryoten verfügen über drei unterschiedliche RNA-Polymerasen (Pol I, II, III):

Pol I
- **Pol I** katalysiert die Synthese der ribosomalen RNA (rRNA)

Pol II
- **Pol II** katalysiert die Synthese der messenger RNA (mRNA) und Mikro-RNA (miRNA)

Pol III
- **Pol III** katalysiert die Synthese der transfer RNA (tRNA)

Im Gegensatz zu Prokaryoten verfügen eukaryotische Zellen nicht über einen einzigen Faktor, der die Initiation der Transkription auslöst. Diese Aufgabe wird von einer Gruppe von Proteinen wahrgenommen, den allgemeinen Transkriptionsfaktoren (TF). Für die Pol II, auf die als Beispiel eingegangen wird, stehen mehrere TF zu Verfügung, wie TFIIA, TFIIB, TFIID, TFIIE, TFIIF, TFIIH (TF: Transkriptionsfaktor, II: für Pol II wirksam).

allgemeine
Transkriptions-
faktoren (TF)

Der initiale Schritt erfolgt durch die Anlagerung von TFIID an den Promoter. Eine spezielle Bindungsstelle des Moleküls ermöglicht dabei die Anlagerung an die TATA-Box, weshalb dieser Teil auch als **T**ATA-**B**ox bindendes **P**rotein bezeichnet wird (TBP). Der übrige Anteil des TFIID besteht aus mehreren Untereinheiten (in humanen Zellen sind es 12), die TBP-assoziierte Faktoren (TAF) bezeichnet werden.

TATA-Box
TBP
TAF

Durch die Anlagerung von TFIID kommt es zu einer Verformung der DNA im Bereich der TATA-Box. Die DNA wird dabei gekrümmt und die Doppelhelix in diesem Bereich gestreckt. Durch die Streckung verliert dieser Abschnitt an Windungsintensität, sodass die eigentlichen Basenbindungen freier zu liegen kommen. Dadurch wird die Anlagerung der anderen TF vorbereitet und ermöglicht.

Ein Überblick von TFII und deren bekannter Funktionen ist unten dargestellt, wobei bedacht werden muss, dass diese Erkenntnisse ausschließlich aus *in vitro*-Modellen gewonnen wurden.

Überblick über die Funktionen der einzelnen TFII (siehe Abb. 61)

- **TFIIA:** lagert sich direkt an TBP an und stabilisiert die TFIID-Bindung an die DNA.
- **TFIIB:** lagert sich direkt an TBP an, und ermöglicht die Anbindung der Polymerase.
- **TFIIE:** ermöglicht die Bindung von TFIIH.
- **TFIIF:** bindet direkt an die Polymerase und ermöglicht wahrscheinlich die Elongation, während der er auch möglicherweise an die Polymerase gebunden bleibt.
- **TFIIH:** bewirkt das Auftrennen des DNA-Doppelstrangs in zwei Einzelstränge sowie die Phosphorylierung der Polymerase (wirkt als Helikase und Proteinkinase), wodurch der Startschuss für die eigentliche Transkription gegeben ist. Er spielt auch eine Rolle bei der DNA-Reparatur.

Die TF verbinden sich durch komplizierte Protein-Protein-Interaktionen zu einem großen TF-Komplex, der, gemeinsam mit der Polymerase, als Transkriptions-Initiationskomplex bezeichnet wird. Durch die katalytische Aktivität des TFIIH kann sich die Polymera-

Transkriptions-
Initiationskomplex

se nach erfolgter Initiation aus dem Komplex lösen, und die Elongation mit der eigentlichen Synthese der RNA durchführen.

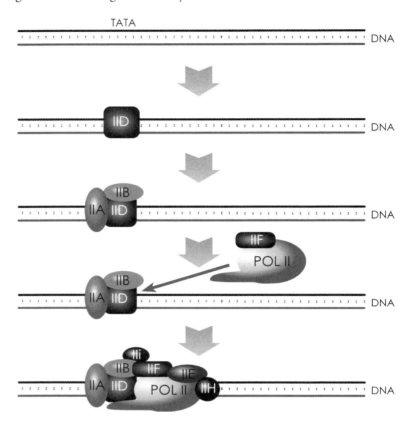

Abb. 61: Die schrittweise Anlagerung der Untereinheiten eines Transkriptionsfaktors an die DNA. TFIID bindet an die TATA-Box, TFIIA lagert sich an; dann folgt TFIIB, der die Bindung der Pol II ermöglicht, die schon mit TFIIF assoziiert ist. Die Bindung von TFIIE ermöglicht in weiterer Folge die Assoziation von TFIIH.

Genregulation durch Transkriptions-Aktivatorproteine (spezifische Transkriptionsfaktoren)

Wie bereits erwähnt, tragen bei den Eukaryoten alle Zellen eines Organismus das gesamte Genom in sich, unabhängig davon, welche Gene auf Grund der Differenzierung der Zelle und der damit verbundenen speziellen Aufgaben nötig sind. Dies setzt voraus, dass ein genetisches Regulationssystem wirksam ist, das ausschließlich diejenigen Gene an- und abschaltet, die der Differenzierung der Zelle entsprechen und für deren Aufgabe nötig sind.

Das System zur Anschaltung von Genen wird als positive Kontrolle bezeichnet. Die dabei involvierten Proteine sind die Genaktivator-/Transkriptions-Aktivatorproteine. Durch ihre Bindung an bestimmte Stellen der DNA wird die Bildung eines Transkriptions-Initiationskomplexes ebenso wie der Ablauf der Transkription beschleunigt. Die DNA-Bindungsstellen werden Verstärkerelemente (Enhancer) genannt. Enhancer sind ca. 200 bp lange DNA-Sequenzen, die sowohl *upstream* als auch *downstream* einer Promotersequenz lokalisiert sein können. Ihre Position in Bezug zu Promotersequenzen ist variabel. Downstream positionierte Enhancer können sogar über 100 kb (!) von ihren Promoteren entfernt liegend vorkommen, weshalb sie auch in Introns nachweisbar sind.

Damit ein Genaktivatorprotein wirksam werden kann, muss ein direkter Kontakt mit dem an den Promoteren gebundenen TF hergestellt werden, und dies auch über längere Distanzen. Ermöglicht wird dies einerseits durch die Verpackungssituation (Nukleosomen-Struktur) der DNA, wodurch von vornherein eine Verkürzung des Abstandes zwischen den beiden Strukturen entsteht, und andererseits dadurch, dass die DNA eine Schleife zu bilden vermag, die das Aktivatorprotein zu den gebundenen TF hinführt. Es kommt quasi zu einer Verbeugung der DNA, wodurch der Abstand zwischen den beiden Proteinkomplexen überwunden wird (Enhancer beugt sich „wie zum Handkuss" zur Promoterregion hin, siehe Abb. 62).

Neben den Aktivatorproteinen, die an Enhancersequenzen binden, gibt es Regulatorproteine mit transkriptionshemmender Wirkung,

Genaktivator-/Transkriptions-Aktivatorproteine

Enhancer

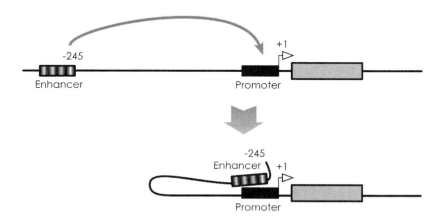

Abb. 62: Wirkung eines Enhancers. *Ein Enhancer-Element kann viele hundert Basen vom Promoter entfernt sein. Es wird durch die Bildung einer Schleife in der DNA in räumliche Nähe zum Promoter gebracht und kann dadurch die Transkriptionsaktivität erhöhen.*

**Genrepressor-
proteine**

die Genrepressorproteine, die für die negative Kontrolle der Genexpression verantwortlich sind.

Jedes Gen verfügt praktisch über sein eigenes Set an Regulatorpro-
teinen, die im Team mit den allgemeinen TF wirken. Deshalb gibt
es auch, neben der relativ geringen Anzahl der allgemeinen TF, die
einheitlich an alle Promoteren binden können, eine Vielfalt von Proteinen, die dafür verantwortlich sind, dass die einzelnen Gene, in
Abhängigkeit vom Bedarf und der Funktion der jeweiligen Zelle, an-
und abgeschaltet werden (siehe Abb. 63). Der Anteil der für Genregulatorproteine kodierenden Gene beträgt beim Menschen 5–10 %
aller Gene. Das System der Enhancer ist in Eukaryoten in Abhängigkeit vom Entwicklungsstand des Lebewesens unterschiedlich komplex. Je höher der Entwicklungsstand und je differenzierter die Zell-
systeme, desto komplexer ist das System.

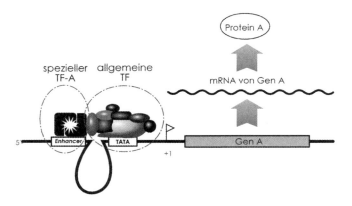

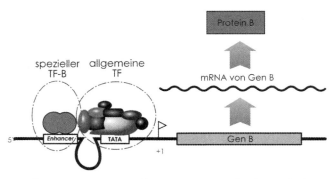

*Abb. 63: Differenzierte Steuerung der Genexpression durch spezifische TF. Spe-
zielle TF verstärken die basale Transkriptionsaktivität von allgemeinen TF. Der
spezielle TFA aktiviert beispielsweise gemeinsam mit den allgemeinen TF die Transkription des Gens A. Transkriptionsfaktor B bindet an den Promoter von Gen B
und aktiviert dort die Transkription.*

Die Situation bei Prokaryoten ist weit weniger kompliziert, jedoch nicht minder interessant. Generell ist die Kontrolle der Genexpression in Bakterien häufig durch negative Regulation (Repression) kontrolliert. D. h. ein bestimmtes Gen ist standardmäßig angeschaltet und wird erst bei Bedarf durch einen Repressor abgeschaltet. Dies erfolgt durch die Bindung eines Repressorproteins an den Operator, eine Sequenz, die direkt innerhalb der Promoterregion gelegen ist. Das Protein benötigt dafür einen ganz bestimmten Zusatzfaktor (Kofaktor), der durch seine Anlagerung die Konformation des Proteins derartig ändert, dass es an den Operator binden kann. Ein typisches Beispiel für eine solche negative Regulation ist die Regulation der Synthese der Aminosäure Tryptophan in Bakterien. *E. coli* synthetisiert die Aminosäure Tryptophan in mehreren Schritten, wobei jeder einzelne Schritt durch ein spezifisches Enzym katalysiert wird. Die fünf Gene, die für diese Polypeptide kodieren, liegen auf dem Chromosom eng beieinander. Ein Promoter kontrolliert all diese Gene gemeinsam, sie bilden somit eine Transkriptionseinheit. Es entsteht ein langes mRNA-Transkript, welches die Gene des *Trp*-Stoffwechsels beinhaltet. Im Promoter kontrolliert der Operator den Zugang der RNA-Polymerase zu den Genen. Zusammen mit dem Promoter und den Trp-Stoffwechselgenen bildet dieser DNA-Abschnitt ein so genanntes Operon. Liegt der Operator frei, kann die RNA-Polymerase an den Promoter binden und die Strukturgene transkribieren. In weiterer Folge werden die Enzyme für die Tryptophan Synthese gebildet und schließlich wird Tryptophan erzeugt. Liegt genug Tryptophan vor, bindet dieses an den Trp-Repressor, der sodann an den Operator binden kann.Wird der Operator durch den Trp-Repressor besetzt, kann die RNA-Pol die Transkription der Gene nicht starten (siehe Abb. 64).
Die Aktivatorproteine selbst unterstützen die Bindung der RNA-Polymerase an den jeweiligen Promoter. Transkriptionsaktivatorproteine und Repressorproteine sind trotz unterschiedlicher Funktionen in ihrem Aufbau sehr ähnlich.

Prokaryoten

Repression

Operator

**Tryptophan-
Synthese**

Operon

Elongation

Während der Elongation erfolgt die Synthese der RNA, die im Prinzip sowohl bei Prokaryoten als auch bei Eukaryoten nach den gleichen Gesetzmäßigkeiten abläuft. Zu den jeweiligen Desoxynukleotiden der DNA werden komplementär die passenden Ribonukleotide der RNA zusammengehängt (Basenpaarungen: C-G, G-C, U-A, A-U). Eine Ausnahme stellt Adenin dar, wo anstatt des nach den Regeln der DNA zu erwartenden komplementären Thymins die

Synthese der RNA

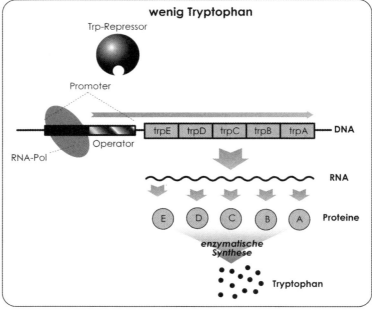

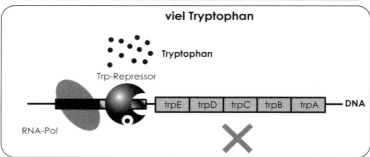

Abb. 64: Tryptophan Operon. *Im Gegensatz zu höheren Eukaryoten können sich Bakterien bei Bedarf Aminosäuren selbst herstellen. Wenn zum Beispiel kein oder zu wenig Tryptophan vorliegt, wird der Trp-Repressor nicht aktiviert und es kommt zur Transkription und Translation der Trp-Synthese-Enzyme, die Tryptophan herstellen (siehe oben). Liegt viel Tryptophan vor, bindet die Aminosäure an den Trp-Repressor und initiiert eine Konformationsänderung, die erlaubt, dass der Repressor bindet und so die Transkription verhindert (unten).*

Base Uracil gebunden wird. Thymin wird somit in der RNA durch Uracil ersetzt.

Trotz des gleichen Prinzips verläuft die RNA-Synthese in Prokaryoten etwas anders als in Eukaryoten. So wird in Prokaryoten die mRNA synthetisiert, um dann sofort in Proteine übersetzt (translatiert) zu werden. Es bedarf somit nach der Transkription keiner weiteren Verarbeitung. Die Ursache dafür ist, dass die bakterielle DNA durchgehend aus kodierenden Sequenzen besteht. Es gibt in Bakterien keine nicht-exprimierten DNA-Abschnitte (so genannte Introns bzw. intervenierende Sequenzen), wie dies bei den Eukaryoten der Fall ist. Zusätzlich können von einem DNA-Strang, während eines Transkriptionsvorgangs mehrere Proteine hintereinander synthetisiert werden. Da Prokaryoten keinen Zellkern besitzen, erfolgt die Translation im selben Zell-Kompartment. Deshalb ist es auch möglich, dass noch vor Abschluss der Elongationsphase die Translation, und damit die Proteinsynthese, bereits beginnen kann (siehe Kap. 2.7.3).

Introns

In Eukaryoten stellt sich die Situation etwas komplexer dar. Die durch Pol II katalysierte Transkription und die posttranskriptionelle Verarbeitung der RNA erfolgen im Zellkern. Aus dem *primären RNA-Transkript* entsteht dadurch eine veränderte Form der RNA, die mRNA, die in Folge den Zellkern verlässt und im Zytoplasma translatiert wird. Die DNA selbst verbleibt im Zellkern.

Der erste Schritt im Transkriptionsprozess ist die Synthese einer RNA, die neben den Sequenzen der Exons (exprimierende Sequenzen) auch die der Introns beinhaltet. Diese komplette RNA wird auch als *primäres RNA-Transkript* (auch: prä mRNA oder hnRNA – *heteronucleic* RNA) bezeichnet.

primäres RNA-Transkript

Capping

In Eukaryoten wird bereits während der Elongation die RNA verändert und auf den Transport aus dem Zellkern vorbereitet. Hat das RNA-Molekül eine Länge von ~ 25 Nukleotiden erreicht, so wird dessen 5'-Ende mit einer „Kappe" versehen, die aus einer Guaninverbindung besteht (= 7-Methylguanin). Diese Kappe dient dem Schutz vor einem möglichen Abbau der RNA. Darüber hinaus bindet mittels dieser Kappe die RNA an ein bestimmtes Protein im Zellkern, dem cap binding complex (CBC). Der CBC ermöglicht die weiteren Verarbeitungsschritte, die auch als posttranskriptionelle Verarbeitung (Processing) bezeichnet werden. Das Ergebnis dieses Processing ist die Bildung der mRNA mit anschließendem Transport aus dem Zellkern (siehe Abb. 65).

7-Methylguanin

Termination

Das Ende der Transkription (Termination) findet an bestimmten Stellen statt, an denen die abgelesenen Sequenzen die Ausbildung einer Haarnadelstruktur der RNA ermöglichen. Eine nachfolgende lange Kette von Uracil bewirkt möglicherweise, dass die RNA von der Polymerase abbricht und dadurch der Vorgang beendet wird.

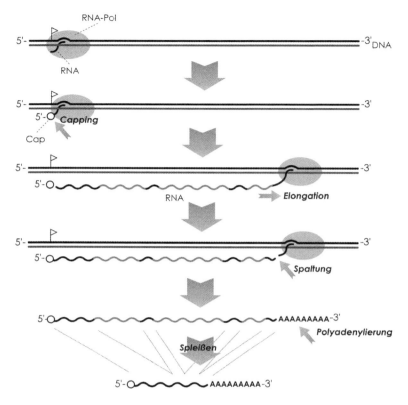

Abb. 65: Modifikationen der RNA während und nach der Transkription. Kurz nach Initiation der Transkription erfolgt das „Capping" der RNA. Nach erfolgter Elongation wird die RNA am 3'-Ende an der Polyadenylierungsstelle gespalten und der Poly-A-Schwanz angehängt. Zuletzt werden Teile der RNA entfernt (gespleißt, siehe unten).

Nachdem der Transkriptionskomplex diesen Sequenzabschnitt erreicht hat, werden die RNA und Pol freigesetzt und die Transkription damit beendet.

Bei Prokaryoten unterscheidet man zwei unterschiedliche Arten von Termination, eine Rho-abhängige und eine Rho-unabhängige. Bei der Rho-abhängigen Termination bindet ein Proteinkomplex (= Rho-Faktor) an die RNA in der Nähe des Terminators und löst die RNA von der Polymerase, womit die Transkription beendet wird. Die Rho-unabhängige Termination nutzt eine bestimmte Nukleotidsequenz, die am Ende vieler Transkriptionseinheiten vorhanden ist. Sie besteht aus einer GC-reichen Sequenz gefolgt von mehreren Adeninen. Auf RNA-Ebene bewirkt die GC-reiche Sequenz Basenpaarungen und eine Ausbildung einer baumartigen Struktur

Rho-abhängige Termination
Rho-unabhängige Termination

mit Stamm und Schleife (engl. *stem loop*). Die Sekundärstruktur der **stem loop**
RNA signalisiert das Ende der Transkription (siehe Abb. 66).

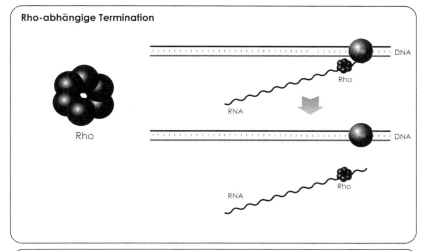

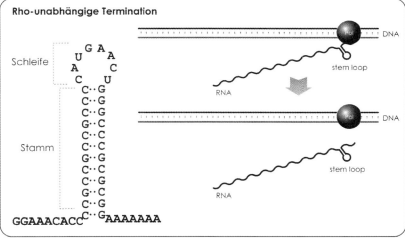

*Abb. 66: **Termination der Transkription bei Prokaryoten.** Schematische Darstellung der Rho-abhängigen (oben) und Rho-unabhängigen Termination (unten).*

Die Termination in Eukaryoten unterscheidet sich weitgehend von der Beendigung der Transkription bei Prokaryoten. Weil eukaryotische Gene nicht so starke Terminatorsignale enthalten, transkribiert die Pol II weiter; oft bis zu 1–2 kb über das spätere Ende der reifen RNA hinaus. Das definitive Ende der RNA wird im Laufe der RNA-Reifung durch Spaltung der RNA an der Polyadenylierungsstelle hergestellt.

Polyadenylierung

Die RNA wird an der Polyadenylierungsstelle gespalten und eine Kette von Adenin-Nukleotiden (**Poly(A)-Schwanz**), wird vom Enzym Poly(A)-Polymerase im Zellkern an das 3'-Ende der mRNA angeknüpft. Die Länge des Poly(A)-Schwanzes variiert dabei üblicherweise zwischen 100–250 Nukleotiden. Die Funktionen des Poly-A-Schwanzes sind noch nicht vollständig verstanden, mit Sicherheit wird dadurch die RNA gegen Abbau stabilisiert, der zytoplasmatische Transport ermöglicht und eine Erhöhung der Translatierbarkeit erreicht.

Untranslatierte Regionen (UTR)

Wie erwähnt ist die mRNA an ihren Enden mit besonderen Strukturen, einer „Kappe" am 5'-Ende und einem Poly(A)-Schwanz am 3'-Ende versehen (siehe S. 87, Capping). Kappe und Poly(A)-Schwanz schließen jedoch nicht nahtlos an die eigentliche kodierende Sequenz der mRNA an, sondern sind durch Abschnitte getrennt, die bei der Translation nicht berücksichtigt werden, weshalb diese als untranslatierte Regionen (UTR; *untranslatet regions*) bezeichnet werden. Entsprechend der 5'–3'-Orientierung wird die an die Kappe anschließende UTR als 5'-UTR, und die vor dem Poly(A)-Schwanz gelegene UTR als 3'-UTR bezeichnet (siehe Abb. 67).
Die jeweiligen UTRs sind unterschiedlich lang. Generell ist die 5'-UTR kürzer als die 3'-UTR. Bei letzterer kann die Länge bis zu tausend oder mehr als tausend Nukleotide betragen.
Funktionell erfüllen die UTRs verschiedene Aufgaben. So verfügt beispielsweise die 5'-UTR über Bindungsstellen für Proteine, die an der Stabilisierung der mRNA oder an der Initiation der Translation mitwirken, und die 3'-UTR über Bindungsstellen für Mikro RNAs, denen eine wesentliche Rolle in der post-transkriptionellen Expressionsregulation zukommt (siehe miRNA, S. 104 ff).

Abb. 67: Untranslatierte Regionen (UTRs)

RNA-Spleißen (RNA Splicing)

Bei Prokaryoten liegt die kodierende DNA-Sequenz kontinuierlich (ohne Unterbrechung) vor. Bei Eukaryoten ist die Situation anders. Die Gene der Eukaryoten sind derart organisiert, dass abwechselnd kodierende DNA-Sequenzen (Exons) auf nicht kodierenden DNA-Sequenzen (Introns) folgen, sodass zwischen zwei Exons immer ein Intron zu liegen kommt. In Summe überwiegt sogar der Anteil der Introns den der Exons. Dies ist nicht verwunderlich, zumal Exons (durchschnittlich) nicht länger als 100 bp sind, und Introns von 100 bp bis zu mehreren tausend bp (durchschnittlich zwischen 100 und 3.000 bp, jedoch auch bis zu 100.000 bp!) lang sein können. Für die eigentliche Synthese der Proteine (Translation) werden die transkribierten Introns des *primären RNA-Transkriptes* nicht benötigt.

Durch den Vorgang des Speißens werden die Intronsequenzen aus dem *primären RNA-Transkript* herausgeschnitten, und die für die Translation erforderlichen, kodierenden Exons werden zusammengehängt (das Wort Spleißen kommt aus der Seefahrt und bedeutet das Zusammenfügen von Seilenden ohne Knoten). Die bei diesem Vorgang entstehende RNA heißt *mRNA* (*messenger*-RNA/Boten-RNA). Sie ist die eigentliche Matrize für die Translation, die ausschließlich aus Exon-Sequenzen besteht.

Der Vorgang des *Splicing* wird überwiegend von kleinen RNA-Molekülen durchgeführt, den so genannten *sn*RNAs (*small nuclear RNAs*). Diese RNAs haben durchschnittlich eine Länge von < 200 Nukleotiden und kommen nur im Zellkern (Nukleus) vor, daher auch deren Bezeichnung als *nuclear* RNA. Die Gruppe der *sn*RNAs gehören ebenso wie die der *micro* RNAs (siehe dort) zu einer Klasse von RNAs, deren Funktion nicht in der Kodierung für Proteine liegt, sondern die durch direkte Interaktionen (Bindung) mit der mRNA regulierend wirksam sind. Gemeinsam mit kleinen Proteinen bilden sie einen Molekülkomplex, das *sn*RNP (*small nuclear Ribonuclearprotein*). Die *sn*RNPs sind die Bausteine des *Spleißosoms* – jenes Molekülkomplexes, der das *Splicing* durchführt. Das Spleißosom wird während des Vorgangs des *Splicing* in Abhängigkeit vom Stadium und vom katalytischen Bedarf laufend angepasst und umgebaut.

Splicing ist ein hochkomplizierter Mechanismus, an dessen Anfang das Erkennen der Schnittstellen am Übergang zwischen Intron und Exon steht und dessen Ende durch das erfolgreiche Anhängen der jeweiligen Enden der zusammengehörigen Exons erreicht ist. Damit die nicht kodierenden Sequenzen an der richtigen Stelle herausgeschnitten werden, gibt es im Übergangsbereich zwischen den Exons und den Introns bestimmte Spleiß-Erkennungsstellen. Der Erkennungskode am Anfang des Introns ist häufig ein Dinukleotid GT, die Spleiß-Stelle am Ende des Introns weist praktisch immer die Sequenz NAG auf (N repräsentiert eines der vier Nukleotide, sodass als mögliche Trinukleotide der Spleiß-Stelle am Ende die Kombinationen AAG, CAG, GAG, TAG in Frage kommen).

Exons
Introns

Intronsequenzen entfernt
Exons zusammengesetzt

mRNA

snRNAs

Spleißosom

Spleiß-Erkennungsstellen

NAG = Splicing-Stelle

Nachdem die Intronsequenz an der 5'-*Splicing*-Stelle erkannt und vom Exon abgetrennt wurde, lagert sich das nun freie 5'-Ende der Intron-RNA kurz vor der gegenüberliegenden *Splicing*-Stelle (3'-*Splicing*-Stelle) an einem Adenin an, und bildet so eine Schleife aus. In weiterer Folge nähern sich die beiden Exon-Enden an und werden miteinander verbunden, wodurch die Intron-RNA von der 3'-*Splicing*-Stelle abgelöst wird, und degradiert werden kann. Damit ist der Vorgang beendet, und die mRNA als fertige Matrize für die Translation gebildet (siehe Abb. 68).

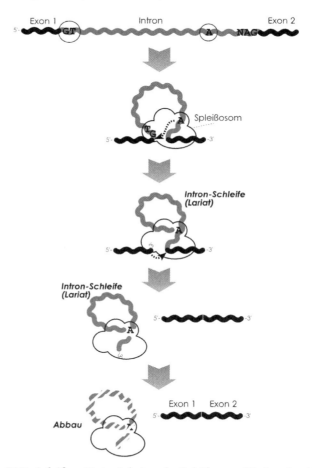

Abb. 68: RNA-Spleißen. *Untereinheiten des Spleißosoms (Kreise, oben) lagern sich an das 5'-Ende des Introns (GT) und an ein Adenin im Intron (A) an, danach bringt das Spleißosom die beiden Enden des Introns in räumliche Nähe, sodass eine Intron-Schleife entsteht. Das 5'-Ende des Introns wird an das A angelagert und es entsteht die so genannte Lariat-Stuktur. Das linke Exon hat damit ein freies 3'-Ende bekommen, das sich mit dem Beginn des rechten Exons verbindet. Die Intron-Schleife wird dadurch freigesetzt und abgebaut. Übrig bleibt eine verkürzte RNA, die nur mehr aus den beiden zusammengehängten Exons besteht.*

Alternatives Spleißen

Interessant ist, dass es wesentlich mehr Proteine als Gene gibt. Seit dem Abschluss des *Human Genome Projects* wissen wir, dass das humane Genom 20.000–25.000 Gene beherbergt. Dem gegenüber steht die Anzahl von in etwa 100.000 Proteinen, die für die biologischen Vorgänge notwendig sind.

Ursprünglich nahm man an, dass nur ein Gen für ein Protein kodieren kann. Diese Theorie wurde auch als *„one gene – one protein"* Dogma bezeichnet. Die Theorie setzte voraus, dass das Verhältnis von Genen und Proteinen 1:1 sein müsste. Bereits in den 1960er Jahren stellte sich heraus, dass dieses Dogma nicht haltbar war, da bei bestimmten untereinander verwandten Proteinen herausgefunden wurde, dass diese von ein und demselben Gen stammten, und aus einem gemeinsamen primären RNA-Transkript hervorgegangen waren. Ein klassisches Beispiel dafür ist das Tropomysin-Protein, das in verschiedenen Zelltypen in unterschiedlichen Formen vorkommt, die jedoch alle von nur einem Gen kodiert werden.

„one gene – one protein" Dogma

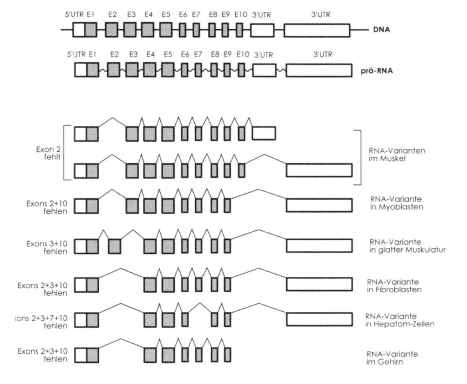

Abb. 69: Alternatives Spleißen am Beispiel des Tropomyosin Gens. E1–E10 = exons 1–10, 5'UTR = 5' untranslatierte region, 3'UTR = 3' untranslatierte region

Betrachtet man die einzelnen Exons als Bausteine, aus denen die mRNA zusammengesetzt wird, so kann man sich vorstellen, dass genau in diesem Prinzip die Möglichkeit zu Variationen liegt (siehe Abb. 69). Werden nämlich im Rahmen des Spleißens einzelne Exons mit den Introns herausgeschnitten (also herausgespleißt), und somit nicht für den Bau der mRNA verwendet, so ergibt sich eine vollkommen neue mRNA-Struktur. Die davon translatierten Proteine sind untereinander verwandt, weil vorhandene Domänen aus den entsprechenden selben Exons hervorgegangen sind. Sie sind jedoch insofern verschieden, als dass sie nicht alle Domänen besitzen. Auf Grund ihrer grundsätzlichen Ähnlichkeit werden sie als **Isoformen** bezeichnet, die zwar von ein und demselben Gen kodiert werden, aber durch unterschiedliche Zusammensetzung der Exons einen unterschiedlichen Aufbau haben, und somit auch unterschiedliche Funktionen ausüben. Bei einer Anzahl von z. B. 12 Exons in einem primären RNA-Transkript bieten sich für die Sequenz der mRNA bereits zahlreiche denkbare Kombinationsmöglichkeiten an. Dieser Vorgang des Spleißens, bei dem aus ein und demselben primären RNA-Transkript unterschiedliche mRNAs entstehen, wird als *alternatives Spleißen* bezeichnet. Die dabei entstehenden Proteine heißen *Spleißvarianten* oder Isoformen.

Die Gesamtheit aller in einer Zelle transkribierten Gene in Form ihrer mRNAs (dies schließt die Produkte alternativen Spleißens ein) wird als *Transkriptom* bezeichnet.

Expressionsprofilierung
Mittels der Gen-Chip-Technologie ist die gleichzeitige Erfassung des gesamten Transkriptoms von Zellen möglich geworden. Voraussetzung für die Gen-Chip-Technologie beim Menschen war die Entschlüsselung der Sequenz des gesamten humanen Genoms. Mit Hilfe der DNA-Chips ist es möglich, stattfindende Aktivitäten aller Gene gleichzeitig und in einem Experiment zu erfassen. Dadurch erhält man Einblicke in das komplexe Zusammenspiel ablaufender zellulärer Prozesse. Auf diese Weise können beispielsweise Reaktionsmuster von gesunden und kranken Zellen erfasst, und miteinander verglichen werden, was neue Möglichkeiten zum Studium krankhafter Vorgänge eröffnet. Zum Aufbau und Prinzip von DNA-Chips siehe auch Kapitel 5.3.3.

2.7.3 Translation

Die Translation ist der Vorgang, durch den der genetische Code der DNA/mRNA in eine Aminosäuresequenz übertragen wird. Das heißt, eine spezifische Nukleotidsequenz wird in eine spezifische Aminosäuresequenz übersetzt. Die Translation ist somit der Kern der Proteinbiosynthese.

Isoformen

Alternatives Spleißen

Transkriptom

Gen-Chip-Technologie

Übersetzung des genetischen Codes in Aminosäuresequenz

Prinzipiell läuft die Translation bei Prokaryoten und Eukaryoten gleich ab. Dies betrifft einerseits die Logistik des Vorganges selbst, das heißt, die Art des Übersetzens des genetischen Codes in die Sprache der Aminosäuren (Proteine), und andererseits auch das dafür verwendete Instrumentarium, wie tRNA und Ribosomen. Wichtige Unterschiede im Ablauf der Translation zwischen Prokaryoten und Eukaryoten liegen im Ort der Translation und in der Translationsinitiation (siehe unten). Wie erwähnt, gemeinsam sind die Prinzipien der Codons, der tRNA und der Ribosomen.

Codons

Der Vorgang der Translation unterliegt, genauso wie der der DNA/RNA-Synthese, strengen Gesetzmäßigkeiten. Die für die Proteinsynthese benötigten Aminosäuren (20 essentielle Aminosäuren) entsprechen speziellen Nukleinsäurekombinationen, wobei drei aufeinander folgende Basen einer Aminosäure entsprechen. Diese Dreiergruppe (auch Basentriplett) wird als Codon bezeichnet (siehe Abb. 70).

**Basentriplett
Codon**

Abb. 70: Genetischer Code. Drei Basen bilden ein Codon, das einer Aminosäure entspricht.

Die Aufstellung der Codons und deren zugeordnete Aminosäuren zeigt Tabelle 2. Beachtenswert ist, dass zwar ein Codon ausschließlich für eine Aminosäure steht, dass aber eine Aminosäure durchaus von mehreren Codons vertreten wird (vergleiche z. B. Arginin, Leucin mit Methionin in Tab. 2). Neben Tryptophan (UGG) wird nur noch Methionin von einem Codon (AUG) repräsentiert. Die übrigen Aminosäuren finden sich in zwei und mehr Codons wieder.

Das Zusammenstutzen der Zahl der Möglichkeiten an Codons auf 20 Aminosäuren wird als *Degeneration* des genetischen Codes bezeichnet. Auf Grund der Tatsache, dass Proteine praktisch immer mit der Aminosäure Methionin „beginnen", wird das Codon AUG auch als Startcodon für die Translation bezeichnet. Die Beendigung der Translation erfolgt ebenfalls an speziellen Codons, den so genannten Stoppcodons, die in drei Kombinationen möglich sind (UAA, UAG, UGA), und die keiner Aminosäure entsprechen.

**Degeneration des
genetischen Codes**

Tab. 2: Genetischer Code

1 \ 2	.U.		.C.		.A.		.G.		3
U..	UUU UUC	Phe	UCU UCC	Ser	UAU UAC	Tyr	UGU UGC	Cys	..U ..C
	UUA		UCA		*UAA*		*UGA*	**Stop**	..A
	UUG		UCG		*UAG*	**Stop**	UGG	Trp	..G
C..	CUU CUC	Leu	CCU CCC	Pro	CAU CAC	His	CGU CGC	Arg	..U ..C
	CUA		CCA		CAA		CGA		..A
	CUG		CCG		CAG	Gln	CGG		..G
A..	AUU AUC	Ile	ACU ACC	Thr	AAU AAC	Asn	AGU AGC	Ser	..U ..C
	AUA		ACA		AAA		AGA	Arg	..A
	AUG	**Met**	ACG		AAG	Lys	AGG		..G
G..	GUU GUC	Val	GCU GCC	Ala	GAU GAC	Asp	GGU GGC	Gly	..U ..C
	GUA		GCA		GAA		GGA		..A
	GUG		GCG		GAG	Glu	GGG		..G

Ala	A	Alanin		Leu	L	Leucin
Arg	R	Arginin		Lys	K	Lysin
Asn	N	Asparagin		Met	M	Methionin
Asp	D	Asparaginsäure		Phe	F	Phenylalanin
Cys	C	Cystein		Pro	P	Prolin
Gln	Q	Glutamnin		Ser	S	Serin
Glu	E	Glutaminsäure		Thr	T	Threonin
Gly	G	Glycin		Trp	W	Tryptophan
His	H	Histidin		Tyr	Y	Tyrosin
Ile	I	Isoleucin		Val	V	Valin

Betrachtet man die mRNA hinsichtlich der Möglichkeiten, die sich für die Translation aus der Sequenz ergeben, so kann man sehen, dass theoretisch drei Varianten in Frage kommen. Je nachdem, an welcher Stelle der Beginn angesetzt wird, ergeben sich Codons mit unterschiedlicher Zusammensetzung. Diese drei Möglichkeiten bilden die so genannten **Leserahmen** (Leseraster). Tatsächlich ist jedoch immer nur eine Variante, also ein Leserahmen möglich, der in ein Protein übergeführt werden kann (siehe Abb. 71).

Leserahmen

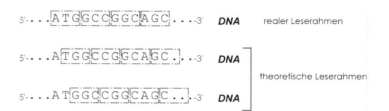

Abb. 71: Mögliche Varianten der Leserahmen

tRNA

Die transfer-RNA (tRNA) hat eine Länge von 80 Basen und ist das Vermittlermolekül zwischen Codons und Aminosäuren. Um die Proteinsynthese entlang der Matrize des Codes (Codons) vermitteln zu können, besitzt jedes tRNA-Molekül zwei wichtige Bereiche, die an den gegenüberliegenden Enden des Moleküls, weit voneinander getrennt, liegen. An einem Ende befindet sich die spezifische Erkennungssequenz für das jeweilige Codon, das so genannte Anti-Codon, und am anderen Ende hängt die dazu passende Aminosäure.

Jedes Codon der mRNA hat sein eigenes, spezielles tRNA-Molekül, an dessen 3'-OH-Ende die passende Aminosäure gekoppelt ist. Die Struktur der tRNA gewährleistet somit die abbildgetreue Synthese eines Proteins durch direkte und spezifische Bindung an die mRNA, und durch den damit verbundenen Antransport der für das Codon einzig möglichen Aminosäure. Die Beschreibung der tRNA erfolgt nach deren Aminosäure, z. B. tRNA^{Pro} für Prolin, tRNA^{Tyr} für Tyrosin, tRNA^{Met} für Methionin etc.

Die Struktur der tRNAs ist bei Prokaryoten und Eukaryoten gleich. Am Besten vorstellbar sind sie als kleeblattartige Moleküle mit einem Stängel und drei Blättern (siehe Abb. 72). Am Stängel ist die Aminosäure angelagert, und am gegenüberliegenden Blatt liegt die spezifische Bindungsstelle, das Anticodon. Diese Struktur entsteht dadurch, dass die tRNA abschnittweise an bestimmten Stellen eine

transfer-RNA (tRNA)

Anti-Codon

passende Aminosäure

Kleeblattform

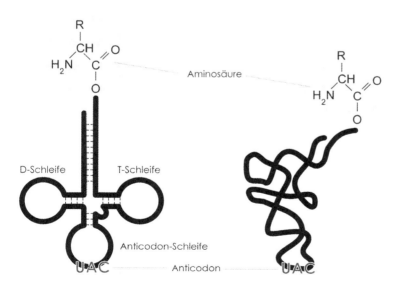

Abb. 72: Struktur einer tRNA. Links: zweidimensionale „Kleeblatt"-Molekülstruktur. Rechts: vollständig gefaltete L-Form

D-Schleife
Anticodon-Schleife
T-Schleife

L-förmiges
Molekül

Doppelbindung eingeht. Dadurch entstehen drei Schleifen (D-Schleife, Anticodon-Schleife, T-Schleife, den Blättern des Kleeblatts entsprechend), die in einem doppelten Strang münden (Stängel).

Diese zweidimensionale Struktur erhält natürlich noch weitere Faltungen und Verdrehungen, sodass letztendlich ein L-förmig gestaltetes Molekül vorliegt (siehe Abb. 72).

> **Wie kommen die richtigen Aminosäuren an ihre korrespondierende tRNA?**
> Die Aminosäuren müssen an die richtige tRNA gekoppelt werden, damit bei der Umsetzung des genetischen Codes auch die richtige Aminosäure in die Polypeptidkette eingebaut wird. Wie wird das bewerkstelligt? Jede tRNA, die für eine bestimmte Aminosäure codiert, hat eine ganz klare definierte räumliche Struktur. Diese Strukturunterschiede sind eindeutig genug um von speziellen Enzymen erkannt zu werden, die freie Aminosäuren an das 3'-OH von tRNAs koppeln können – diese Enzyme nennt man *Aminoacyl-tRNA-Synthetasen*. Für jede tRNA existiert eine eigene Aminoacyl-tRNA-Synthetase, die hochspezifisch jene Aminosäure an die tRNA hängt, die aufgrund des genetischen Codes dafür vorgesehen ist.

Ribosomen

Ribosomen bilden den Rahmen für den komplexen Ablauf der Proteinsynthese, indem sie die mRNA umhüllen, und so den Raum für die Vorgänge der Initiation, Elongation und Termination der Transkription schaffen (analog zur Transkription kann auch bei der Translation von derartigen drei Phasen gesprochen werden).

zwei Untereinheiten

Sowohl bei Prokaryoten als auch bei Eukaryoten bestehen Ribosomen aus zwei Untereinheiten – einer großen und einer kleinen (siehe Abb. 20).

Svedberg-Einheiten

Die Größe der Ribosomen und deren Untereinheiten werden üblicherweise in *Svedberg*-Einheiten (S) – welche dem Sedimentationskoeffizienten in genormter Ultrazentrifugation entsprechen – angegeben.

Dadurch ist auch der Unterschied der Größen zwischen dem Gesamtmolekül und den Untereinheiten erklärbar: prokaryotische Ribosomen bestehen aus je einer Untereinheit von 30S und 50S, das gesamte Ribosom hat jedoch 70S. Bei eukaryotischen Ribosomen, die größer als prokaryotische sind, betragen die Untereinheiten jeweils 40S und 60S, bei einer Gesamtgröße von 80S (siehe Abb. 20).

Die Ribosomen liegen in den Zellen/Bakterien in ihre Untereinheiten aufgetrennt in einem Pool vorrätig vor, aus dem sie im Bedarf sofort rekrutiert werden können.

Translation

Zu Beginn der Translation (Translationsinitiation) lagert sich die kleine Untereinheit des Ribosoms in der Nähe des 5'-Endes der mRNA an. Dies geschieht an einer speziellen mRNA-Bindungsstelle. In weiterer Folge kommt die große Untereinheit hinzu, die sich auf die kleine „setzt", und so die mRNA an dieser Stelle einhüllt. Die Ribosomen besitzen vier funktionell wichtige Bindungsstellen: an der kleinen Untereinheit die mRNA-Bindungsstelle, und an der großen Untereinheit drei Bindungsstellen, die A(Aminoacyl-tRNA)-Bindungsstelle, die P(Peptidyl-tRNA)-Bindungsstelle und die E(Exit)-Bindungsstelle (siehe Abb. 73). Der Großteil dieser Bindungsstellen wird von ribosomaler RNA gebildet.

**mRNA-Bindungs-
stelle
A-Bindungsstelle
P-Bindungsstelle
E-Bindungsstelle**

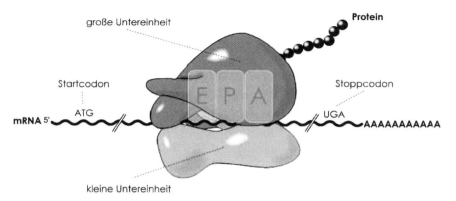

Abb. 73: Ribosomen-Struktur. A = Aminoacyl-tRNA-Bindungsstelle, P = Peptidyl-tRNA-Bindungsstelle und E = Exit-Bindungsstelle

An diesen Bindungsstellen erfolgt die Anlagerung der tRNAs, damit das Verknüpfen der mitgebrachten Aminosäuren zur Proteinkette stattfinden kann. Die drei Bindungsstellen werden von jeder tRNA in der Reihenfolge A – P – E nach folgendem Modell durchlaufen (siehe Abb. 74): die zum jeweiligen Codon passende tRNA lagert sich zu allererst an die A-Bindungsstelle an. Durch horizontale Bewegung der großen Untereinheit wird diese nun von der A-Bindungsstelle zur P-Bindungsstelle verlagert. An dieser Stelle kommt es unter Mitwirkung des Enzyms Peptidyltransferase zur Anbindung der Aminosäure an die Proteinkette. Durch Rückbewegung der großen Untereinheit wird die vorher gebundene tRNA von ihrer Position der E-Bindungsstelle freigesetzt. An die freie A-Bindungsstelle lagert sich die nächste tRNA an. Durch Verschiebung der großen Untereinheit wird die tRNA der P-Bindungsstelle an die E-Stelle verschoben, sodass sich die neuerlich gebundene tRNA an die

P-Bindungsstelle anlagern kann. Diese schematisierten horizontalen Verschiebebewegungen entsprechen in der Realität komplexen Strukturänderungen des Ribosoms, die letztendlich die wechselnde Besetzung der mRNA mit tRNA entsprechend den Codons ermöglicht.

Sehr schnell findet somit in einem kreislaufartigen Prozess Anlagerung, Bindung der mitgebrachten Aminosäure an die Proteinkette, und Freisetzung der tRNA statt. Die Ribosomen bewegen sich dabei entlang der mRNA vom 5' nach 3'. Die entstehende Proteinkette wächst vom Amino-Ende zum Carboxyl-Ende (von N-terminal nach C-terminal). Das Ende der Translation ist erreicht, wenn die

Stoppcodon

Ribosomen auf ein Stoppcodon auftreffen. Da es keine tRNA für die Stoppcodons gibt, pausiert das Ribosom hier und ein Protein kann an die A-Stelle binden, der sogenannte Release-Faktor, der bewirkt, dass das Protein vom Ribosom getrennt wird.

Da im Rahmen der Translation RNA-Moleküle als Bestandteile der Ribosomen (ribosomale RNAs oder kurz rRNAs) katalytisch wirk-

Ribozyme

sam werden, bezeichnet man Ribosomen auch als Ribozyme (**Ribo**nukleinsäuren mit enzymatischer Wirksamkeit).

Aus einem mRNA-Molekül können viele gleiche Proteine synthetisiert werden, da die mRNA nicht nur einmal von einem Ribosom abgelesen wird, sondern von vielen, die hintereinander die Information der mRNA in eine Polypeptidkette (= Protein) umsetzen. Sobald das erste Ribosom mit der Translation begonnen hat und sich Richtung 3' bewegt, wird am 5' Cap der nächste Initiationskomplex gebildet, danach wird das erste AUG gesucht und das Ribosom vollständig assembliert und die Translation an diesem zweiten Ribosom wird gestartet usw. D.h. nach kurzer Zeit befinden sich viele Ribosomen hintereinander an einer mRNA gebunden (vergleichbar mit den Waggons eines Zuges) und translatieren dieselbe Information in jeweils das gleiche Protein. Mehreren Ribosomen, die an eine mRNA gebunden sind, werden auch als Polyribosomen oder kurz Polysomen bezeichnet.

Unterschied zwischen prokaryotischer und eukaryotischer Translation

Transkription mit Translation gekoppelt

Wie bereits erwähnt, verfügen **Prokaryoten** nicht über Kompartmente und einen Zellkern, wie dies für Eukaryoten charakteristisch ist. Dies bedeutet, dass die Transkription in ein und demselben Kompartment wie die Translation stattfindet. Das ermöglicht, dass diese Prozesse praktisch gleichzeitig ablaufen können. Die Translation startet schon, wenn die Transkription selbst noch im Gange ist, und die mRNA noch unvollständig vorliegt.

Bei **Eukaryoten** erfolgt die Translation in einem anderen Kompartment als die Transkription, nämlich im Zytoplasma. Deshalb muss die mRNA nach erfolgter Transkription und nach dem Spleißen aus dem Zellkern in das Zytoplasma transportiert werden. Transkription und Translation sind bei den Eukaryoten zwei, sowohl zeitlich als auch räumlich unterschiedlich ablaufende Vorgänge.

Transkription und Translation getrennt

Ein zweiter wesentlicher Unterschied liegt in der Translationsinitiation. Bei Prokaryoten beginnt die Translation durch Anlagerung der 30S Ribosomenuntereinheit an eine bestimmte Stelle der mRNA. Diese Stelle hat eine ganz bestimmte Sequenz, die z. B. bei *E.coli* Bakterien 5'-AGGAGGU-3' ist, und die stromaufwärts *(upstream)* des Startcodons liegt. An diese Sequenz, die auch als Shine-Dalgarno-Sequenz (S/D-Sequenz) bezeichnet wird, bindet zuerst die kleine 16S-Ribosomenuntereinheit, wodurch in Folge die Anlagerung der 30S-Untereinheit erfolgen kann. Durch die Bindung der 16S-Untereinheit an die Shine-Dalgarno-Sequenz wird auch das in unmittelbarer Nähe gelegene Startkodon (AUG) mitabgedeckt, das üblicherweise 10 Nukleotide stromaufwärts der S/D-Sequenz gelegen ist. Da Prokaryoten mehrere Gene hintereinander in einer zusammenhängenden RNA transkribieren können, werden auch mehrere Proteine pro RNA gebildet. Dadurch finden sich auf einem derartigen mRNA-Strang auch mehrere S/D-Sequenzen, Start- und Stoppcodons, entsprechend der jeweils transkribierten Gene.

Translationsinitiation Prokaryoten

S/D-Sequenz

Bei Eukaryoten gibt es keine Shine-Dalgarno-Sequenz. Die Translation beginnt nach Anlagerung eines cap-bindenden Proteins an die 5'-Cap-Struktur der mRNA (siehe S. 87, Capping), wodurch die Bildung eines Komplexes zwischen mRNA, der 40S-Untereinheit des Ribosoms und noch anderen Proteinen ermöglicht wird. Die 40S-Untereinheit hat bereits eine ganz spezielle tRNA gebunden, die sogenannte Initiator-tRNA. Diese tRNA ist deswegen so besonders, da sie aufgrund ihrer Struktur als einzige tRNA an die 40S-Untereinheit binden kann, alle anderen tRNAs können nur an das komplette 80S-Ribosom binden. Die Initiator-tRNA erkennt das Codon AUG und ist mit der Aminosäure Methionin beladen. In weiterer Folge wandert der 40S-Initiationskomplex entlang der mRNA bis er ein Startcodon (AUG) erreicht (dieser Vorgang wird „Scanning" genannt). Dort erkennt die Initiator-tRNA das Start AUG und die noch ausständige 60S-Untereinheit des Ribosoms wird angefügt, wodurch der 80S-Initiationskomplex entsteht.

Wie erwähnt, startet die Proteinsynthese sowohl bei Eukaryoten als auch bei Prokaryoten typischerweise mit dem Codon AUG, das der

Startcodon AUG

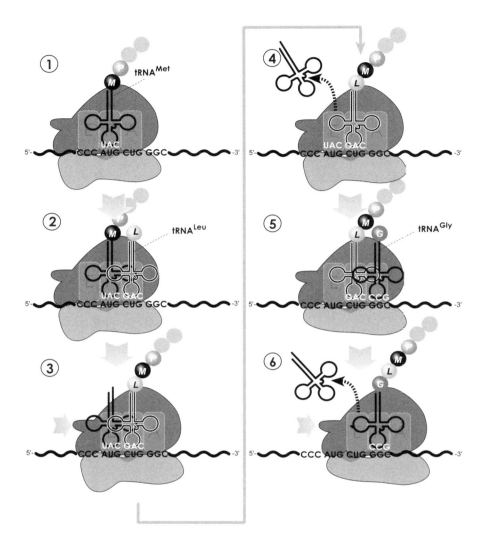

Abb. 74: Ablauf der Elongation der Translation. 1. An der P-Bindungsstelle ist die Methionin-tRNA mit ihrem Anticodon (UAC, in weiß) am Codon (AUG) gebunden. 2. Die nächste tRNA (Leu-tRNA, L) lagert sich an die A-Stelle im Ribosom an und bindet mit seinem Anticodon GAC an das Codon CUG. 3. Das Ribosom wird nach rechts verschoben (Pfeil), tRNA^{Met} kommt in der E-Bindungsstelle zu liegen und tRNA^{Leu} rutscht an die Stelle P nach; dabei wird durch das Enzym Peptidyltransferase das Methionin (M) an das Leucin (L) angehängt. 4. Danach verlässt tRNA^{Met} die Exit-Bindungsstelle. 5. Die nächste Aminoacyl-RNA (tRNA^{Gly}) kann an Stelle A binden (Anticodon CCG, Codon GGC). 6. Das Ribosom rutscht nach rechts, das Dipeptid ML wird mit Hilfe der Peptidyltransferase an das Glycin der Glycin-tRNA (G) angehängt; es entsteht das Tripeptid MLG, das an tRNA^{Gly} gebunden ist; die leere tRNA verlässt die E-Stelle usw.

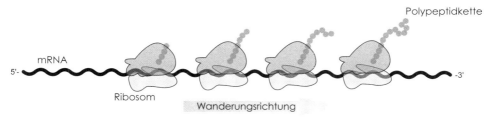

Abb. 75: Poly(ribo)somen. Aus einem mRNA-Molekül werden viele gleiche Proteine synthetisiert, da die mRNA von vielen Ribosomen abgelesen wird. Mehrere Ribosomen, die an eine mRNA gebunden sind, werden auch als Polyribosomen oder kurz Polysomen bezeichnet.

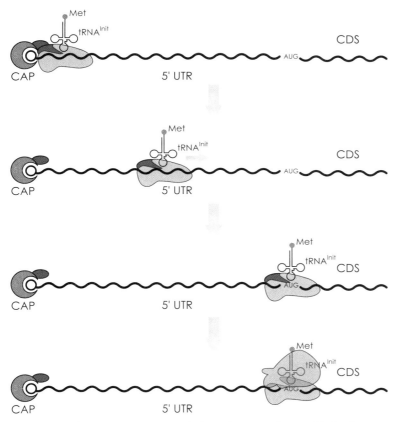

Abb. 76: Translationsinitiation. Durch die Anlagerung des Cap-bindenden Proteins an die 5'-Cap-Struktur der mRNA wird ein Komplex zwischen mRNA, der 40S-Untereinheit des Ribosoms und weiteren Proteinen gebildet. Die 40S-Untereinheit hat die Initiator-tRNA gebunden, die wegen ihrer speziellen Struktur an die 40S-Untereinheit bindet. Die Initiator-tRNA ist mit Methionin (Met) beladen. Der 40S-Initiationskomplex wandert entlang der mRNA bis er ein Startcodon (AUG) erreicht. Dort paart die Initiator-tRNA mit dem AUG und die noch ausständige 60S-Untereinheit des Ribosoms wird angefügt, wodurch der 80S-Initiationskomplex entsteht.

**Aminosäure
Methionin**

Aminosäure Methionin entspricht. Das erklärt, warum praktisch alle Proteinsequenzen mit Methionin beginnen.

Mikro RNA (miRNA)

**kurze, nicht
kodierende RNAs**

Die Mikro RNAs (miRNAs) bilden eine Gruppe von nicht kodierenden RNAs mit einer Länge von 21–25 Nukleotiden. Es handelt sich somit um kurze RNA-Moleküle (daher die Bezeichnung), die, ebenso wie die *sn*RNAs (siehe dort) nicht als Translationsvorlage dienen, und deshalb auch nicht für die Synthese irgendeines Proteins heran-

**Regulation der
Genexpression**

gezogen werden. Ihre Funktion liegt in der Regulation von Genexpressionen auf der post-transkriptionellen Ebene (siehe Abb. 77). Die für die miRNAs kodierenden Sequenzabschnitte liegen teilweise in Introns. Die Transkription der miRNAs erfolgt durch RNA-

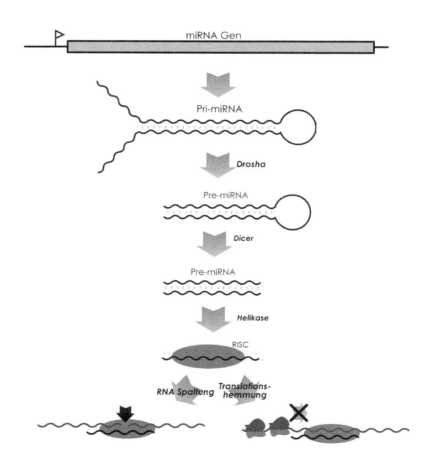

Abb. 77: Schematische Darstellung der Wirkungsweise von mikro RNAs

Polymerasen II, wodurch zuerst ein langes primäres miRNA-Transkript entsteht (die pri-miRNA). Durch enzymatische Abspaltung durch die RNAse Drosha von 60–70 Nukleotiden entsteht ein Vorläufermolekül, die Prekursor-miRNA (pre-miRNA), die in Folge aus dem Zellkern in das Zytoplasma transportiert wird, wo die Bildung der endgültigen miRNA durch Abspaltung der restlichen Nukleotide durch die RNAse Dicer erfolgt. Die doppelsträngige RNA wird durch eine Helikase aufgetrennt und ein Strang in einen Proteinkomplex (RISC) integriert. Damit entsteht die aktive miRNA, die mit einer Länge von 21–25 Nukleotiden durch spezielle Bindung an die 3'-UTR der jeweiligen mRNA wirksam wird (siehe S. 90).

Derzeit sind über 700 humane miRNAs bekannt, die in einer speziellen, allgemein zugänglichen Datenbank, der *miRBase database,* erfasst sind.

Die regulierende Wirkung der miRNAs beruht (nach dem derzeitigen Stand des Wissens) auf zwei wesentlichen Mechanismen:

1. *Enzymatische Degradation von mRNA*
   miRNA vermag sich im Verein mit einem RNAse-Proteinkomplex an mRNA anzulagern, sodass diese durch die RNAse zerschnitten und degradiert wird. Nach erfolgtem Einsatz löst sich die miRNA von dem Proteinkomplex unverändert ab, um weitere Degradationen zu vermitteln.

2. *Unterdrückung der Translation*
   miRNA vermag die Translation der mRNA zu unterdrücken (translationale Repression).

> **posttranskriptionelle Regulierung durch miRNA**

Die miRNAs bilden ein wichtiges post-transkriptionelles Regulationsnetzwerk für viele biologische Abläufe, wie beispielsweise Stoffwechsel und Zellproliferation. Individuelle Unterschiede innerhalb der kodierenden miRNA-Gene – hauptsächlich bedingt durch unterschiedliche Zusammensetzungen von SNPs (siehe S. 157 ff.) – bilden eine Grundlage für individuelle Reaktionen auf z. B. äußere Umwelt-Reize, was in individuellen Krankheitsneigungen (Stoffwechselkrankheiten, maligne Tumoren) oder Medikamentenempfindlichkeit (siehe S. 196 ff., Pharmakogenetik) zum Ausdruck kommen kann.

Methoden
zur Untersuchung
der genetischen
Information

Um die genetische Information inhaltlich zu verstehen und Veränderungen im genetischen Code aufzuspüren, bedarf es geeigneter
Techniken. Im folgenden Kapitel werden Methoden zur Untersuchung der genetischen Information dargestellt und einfach ver-
ständlich beschrieben. Anhand einiger Anwendungsbeispiele sollen
verschiedene Einsatzgebiete dargelegt werden.

3 Zytogenetik und Chromosomen-analyse

3.1 Allgemeines

Wie schon im Abschnitt Grundlagen ausgeführt, sind Chromosomen hochgradig strukturiert. Sie besitzen eine primäre Einschnürungsstelle, das Zentromer. Durch dieses wird das Chromosom in zwei unterschiedlich lange Arme unterteilt. Der kurze Arm eines Chromosoms heißt p-Arm, der lange Arm q-Arm. Die Enden eines Chromosoms heißen Telomere.

Die Gesamtheit der 46 Chromosomen eines Menschen wird als Karyotyp bezeichnet. Man unterscheidet 22 Autosomenpaare und 2 Geschlechtschromosomen. Ein Mann hat 44 Autosomen und ein X- und ein Y-Chromosom (Karyotyp 46, XY), eine Frau hat 44 Autosomen und zwei X-Chromosomen (Karyotyp 46, XX). In einer Chromosomenanalyse oder Karyotypisierung werden die Chromosomen mit Trypsin-Giemsa-Färbung (G-bands by trypsin using Giemsa, GTG) untersucht und ein Karyogramm erstellt. Durch den Vergleich der für jedes Chromosom spezifischen Abfolge von Banden können strukturelle Veränderungen, wie z. B. Inversionen (Drehung eines Chromosomenstücks um 180°), Translokationen (ein Chromosomenabschnitt wird auf ein anderes Chromosom übertragen), größere Duplikationen (ein Stück eines Chromosoms wird verdoppelt) oder Deletionen (ein Abschnitt eines Chromosoms geht verloren) nachgewiesen werden.

Obwohl chromosomale Aberrationen sehr komplex sein können, werden sie grundsätzlich in zwei Gruppen eingeteilt:
• Numerische Aberrationen
• Strukturelle Aberrationen
• Beide Typen können gleichzeitig auftreten

Numerische Veränderungen der Chromosomen heißen Aneuploidien. Im normalen Karyotyp sind alle Chromosomen 2-fach vorhanden (Disomie). Bei einer Trisomie liegt ein Chromosom 3-fach vor, bei einer Monosomie existiert nur eines der beiden homologen Chromosomen. Beispiele für Aneuploidien sind das Down-Syndrom (Trisomie 21, hier ist Chromosom 21 dreimal vorhanden, alle anderen Chromosomen sind normal), das Pätau-Syndrom (Trisomie 13), das Edwards-Syndrom (Trisomie 18), das Ullrich-Turner-Syndrom (Karyotyp 45, X) und das Klinefelter-Syndrom (Karyotyp 47, XXY). Von einer Triploidie oder Tetraploidie spricht

Karyotyp
Autosomenpaare
Geschlechts-chromosomen

Karyotypisierung

Aberrationen

numerische Veränderungen

Down-Syndrom
Pätau-Syndrom
Edwards-Syndrom
Ullrich-Turner-Syndrom
Klinefelter-Syndrom

man, wenn der komplette Chromosomensatz 3- bzw. 4-fach vorliegt.

Die Chromosomenanalyse kann z.B. aus Lymphozyten und aus Zellkulturen einer Hautbiopsie erfolgen. Pränatal (vorgeburtlich) wird die Untersuchung aus Chorionzotten (ab der 11. Schwangerschaftswoche, SSW), Fruchtwasserzellen (ab 15. SSW), Plazentazotten oder Nabelschnurblut (18. SSW) durchgeführt.

Fixierung der Chromosomen

Durch die Zugabe des Spindelgiftes Colchizin wird die Zellteilung in der Metaphase blockiert. Die Metaphasen werden mittels Giemsa-Methode angefärbt. Ausgewertet werden mindestens 20 Metaphasen. Eine Abweichung in der Anzahl der Chromosomen (numerische Chromosomenanomalie) kann mit hoher Sicherheit erkannt bzw. ausgeschlossen werden. Nur in seltenen Fällen kommt es vor, dass neben den untersuchten Zellen solche existieren, die eine andere Chromosomenanzahl haben.

strukturelle Aberrationen

Geringe **strukturelle Aberrationen** wie z.B. der Austausch gleich großer oder sehr kleiner Abschnitte chromosomalen Materials können durch die konventionelle Chromosomenanalyse nicht oder nur sehr schwer erkannt werden. Ebenso verhält es sich bei Insertionen von kleinen Teilstücken eines Chromosoms in ein anderes Chromosom. Störungen (Sequenzänderungen) in einem einzelnen Gen oder der Verlust eines Gens bzw. eines Genabschnitts lassen sich durch eine Chromosomenanalyse nicht erkennen.

3.2 Erstellen eines Karyogramms

Karyogramm

Für Karyogramme werden die „schönsten" Metaphasen verwendet. Das im Mikroskop sichtbare Bild wird fotografisch aufgenommen (z.B. Videokamera) und entweder ausgedruckt oder auf einen Computermonitor übertragen. Die auf dem Ausdruck sichtbaren einzelnen Chromosomen werden manuell (mittels Schere) ausgeschnitten und sortiert. Die Handarbeit wird heute zunehmend von Computerprogrammen übernommen. Mit Hilfe spezieller Softwareprogramme wird versucht, die Chromosomen zu erkennen und anschließend ein Karyogramm zu erstellen. Nach wie vor ist es aber notwendig die Programme zu überwachen und zu editieren. Dabei muss mehr oder weniger oft nachgeholfen werden – engliegende oder überlagernde Chromosomen müssen am Bildschirm manuell getrennt werden bevor man sie bewerten kann. Auch bei der Zuordnung der Chromosomenpaare sind der Computersoftware Grenzen gesetzt – dies hängt nicht zuletzt von der Qualität der Chromosomen ab. Trotzdem sind die automatisierten Analysesysteme eine große Unterstützung und bieten außerdem ein verlässliches Dokumentationssystem.

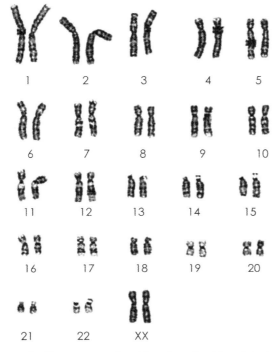

Abb. 78: Normales Karyogramm eines Menschen. Der Mensch besitzt 22 Autosomenpaare (1–22) und ein Paar Geschlechtschromosomen (XX, bei Frauen, wie in der Abbildung dargestellt, XY bei Männern).

Mit Hilfe neuer Techniken (z. B. der Spectral Karyotyping- oder SKY-Technik) werden die Grenzen der klassischen zytogenetischen Diagnostik teilweise überwunden, was eine verfeinerte Strukturanalyse der Chromosomen ermöglicht. Diese Methoden bieten besondere Vorteile bei der Untersuchung komplex aberranter Karyotypen, die in der Tumorzytogenetik häufig auftreten können. Weiters sind sie hilfreich bei der Identifizierung der chromosomalen Abstammung von Markerchromosomen. Wie sicher die neuen Methoden funktionieren, hängt allerdings zum Großteil von der Qualität der Chromosomenpräparate ab. Manchmal sind spezielle Methoden der Chromosomenpräparation oder andere Spezialmethoden der Chromosomenanalyse erforderlich.

SKY-Technik

Bei der Vielfarben-Hybridisierung werden chromosomenspezifische „painting"-Sonden eingesetzt, die jedes Chromosom in einer bestimmten Farbe darstellen. Um alle 24 Chromosomen (1–22, XX oder XY) des menschlichen Genoms in verschiedenen Farben sichtbar zu machen, werden mindestens fünf Fluorochrome benötigt. Jedes Chromosom erhält nach Anfärbung mit dem Fluorochrom ein

Vielfarben-Hybridisierung „painting"-Sonden

charakteristisches Emissionsspektrum. Durch Umsetzung dieser spezifischen Spektren in Pseudofarben ist jedes Chromosom und jede strukturelle Veränderung eines Chromosoms leicht erkennbar (siehe Abb. V im Farbtafelteil).

3.3 Fluoreszenz in situ-Hybridisierung (FISH)

Die *in situ*-Hybridisierung ist eine aussagekräftige Methode, die es ermöglicht, Nukleinsäuresequenzen in Geweben, Zellen, Zellkernen und Chromosomen sichtbar zu machen. Man kann also direkt *in situ* (vor Ort) im biologischen Präparat eine Nukleinsäure lokalisieren. Die Technik wurde 1969 erstmals von zwei unabhängigen Arbeitsgruppen beschrieben. Bei der FISH-Analyse werden so genannte DNA-Sonden, das sind einzelsträngige DNA-Sequenzen, die zu bestimmten Abschnitten am Chromosom komplementär sind, mit Markermolekülen (z. B. Fluoreszenzfarbstoff) markiert. Die Sonden werden an die einzelsträngige Ziel-DNA (die durch Denaturierung einzelsträngig gemacht wurde) hybridisiert (für nähere Details zu den Grundlagen der Hybridisierung siehe auch Prinzip der Hybridisierung) und binden sich an den komplementären DNA-Abschnitt.

FISH-Analyse

markierte DNA-Sonden

Die mit der Sonde markierten Chromosomenabschnitte werden so sichtbar gemacht (siehe Abb. 79 und Abb. IV im Farbtafelteil).

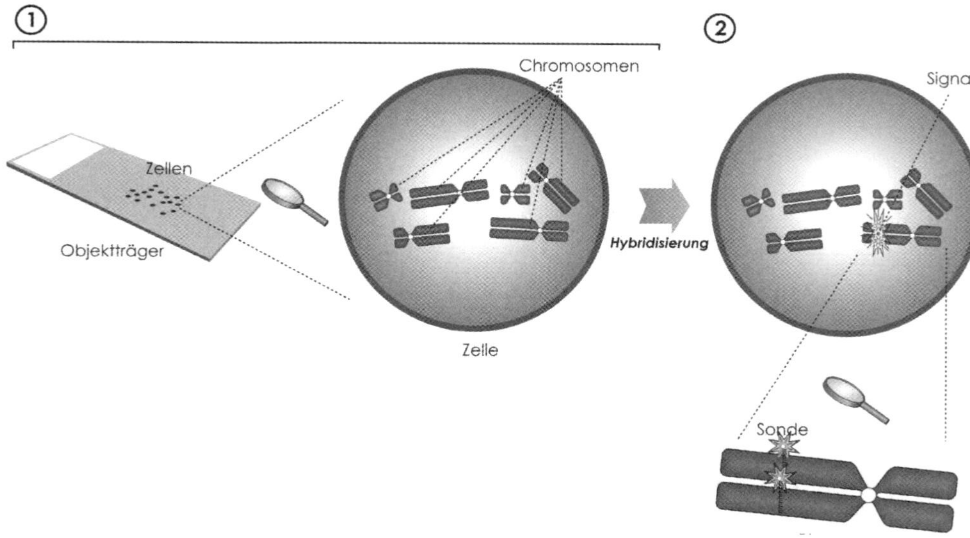

Abb. 79: Prinzip der Fluoreszenz in situ-Hybridisierung (FISH). 1. Aufbringen der Zellen auf einen Objektträger. 2. Hybridisierung der Sonde an die DNA (Chromosom). 3. Sichtbarmachung der Fluoreszenz.

Mit der FISH-Technik ist es möglich, ein ganzes Chromosom, das Zentromer eines bestimmten Chromosoms oder die Zentromere aller Chromosomen, Chromosomenenden oder einzelne Abschnitte auf einem Chromosom (mittels Gen-Sonden) zu lokalisieren. Mit der neuen Methode des „Multi-Colour-FISH" können alle 24 Chromosomen (1–22, X,Y) des menschlichen Karyotyps gleichzeitig dargestellt und numerische Veränderungen sehr rasch erfasst werden (Abb. V im Farbtafelteil). Die Fragestellungen, die mit FISH bearbeitet werden, sind vielfältig und reichen vom intrazellulären Nachweis von Krankheitserregern über die Detektion der Amplifikation von Onkogenen, den Nachweis numerischer Chromosomenabnormalitäten bis hin zum Nachweis struktureller Chromosomenveränderungen, z. B. spezieller Translokationen in Krebszellen.

Multi-Colour-FISH

4 Untersuchung von DNA

Wie in den vorangegangenen Kapiteln ausgeführt wurde, sind DNA-Moleküle klein. Um diese kleinen Moleküle sichtbar zu machen und etwaige Veränderungen zu erkennen, bedarf es geeigneter Methoden. Erst während der letzten 25 Jahre wurden Techniken entwickelt, die in jedem Labor durchgeführt werden können. Davor waren nur speziell ausgestattete Labors zur Untersuchung der DNA in der Lage. Bevor man DNA jedoch untersuchen kann, muss man sie aus der Zelle bzw. bei Säugetierzellen aus dem Zellkern freisetzen und reinigen.

4.1 Gewinnung genomischer DNA

4.1.1 Allgemeines

DNA-Isolierung

Probenmaterial

Die Zielsetzung jeder DNA-Isolierung ist es, Proben zu erhalten, die sich zur molekularbiologischen Untersuchung eignen und die frei von Kontaminationen sind. Der erste Schritt, der jeder Nukleinsäureuntersuchung vorangehen muss, ist die Präparation der Zellen, aus denen die DNA gewonnen werden soll, gefolgt von der Entfernung aller störenden Komponenten. Für die Nukleinsäureisolierung im medizinischen Bereich werden neben Blutzellen noch Knochenmark, Gewebebiopsien, Haare, fötales Material (im Falle einer Pränataldiagnostik) sowie archiviertes Material in Form von Paraffinpräparaten herangezogen. DNA liegt normalerweise in allen Körperzellen in gleicher Konzentration und Struktur vor. Zur Gewinnung von DNA kann man jede kernhaltige Zelle heranziehen. Will man jedoch einen DNA-Defekt einer speziellen Zellpopulation oder eines bestimmten Gewebes identifizieren (z. B. in Tumoren), dann ist es notwendig, genau diese Zellen zur DNA-Isolierung zu verwenden.

4.1.2 DNA-Isolierungsverfahren

Manuelle Verfahren

Derzeit kommen verschiedene Verfahren zur Anwendung. In allen Fällen ist wichtig, dass damit DNA von geeigneter Reinheit und Integrität gewonnen werden kann. Kontaminationen, die mit der nachfolgenden Analytik interferieren würden, müssen auf eine akzeptable Menge reduziert werden. Der Abbau der DNA durch Nukleasen oder mechanische Zerstörung muss verhindert werden. Natürlich soll mit dem gewählten Verfahren auch eine gute Ausbeute erzielt werden, besonders dort, wo nur geringe Probenmengen zur Verfügung stehen. DNA-Isolierungsmethoden umfassen grundsätzlich folgende Schritte:

- Das Aufbrechen der Zellen, z. B. mechanisch durch Zerstoßen oder Zerreiben in einem Mörser, oder chemisch durch Lyse mit Detergenzien **Aufbrechen der Zellen**
- Reinigung der DNA

Zur Reinigung gibt es zwei unterschiedliche Verfahren: **DNA-Reinigung**

Extraktion und Präzipitation: Abzentrifugieren von unlöslichen Zellbestandteilen; Abbau von Proteinen mit Proteasen; Denaturieren und Ausfällen der Proteine mit Phenol, wobei die Nukleinsäuren in wässriger Lösung bleiben; Auftrennen von unlöslicher und löslicher Fraktion durch Zentrifugation; Anreichern der DNA mittels Ethanol- oder Isopropanolpräzipitation. **Extraktion Präzipitation**

Adsorption und Elution: Anlagerung der negativ geladenen DNA an positiv geladene Trägermaterialien, z. B. Magnetic beads oder spezielle Membranen, Entfernung von Verunreinigungen durch Waschen der Beads, Elution der DNA mit geeigneten Puffern. Dieses Verfahren ist gut automatisierbar und wird in DNA-Isolierungsrobotern verwendet. Im Falle großer Probenzahlen sind Robotersysteme ideal, da sie Zeit sparen, man Kontaminationen vermeidet und die Rückverfolgbarkeit der Probe möglich ist, was bei komplexen manuellen Methoden oft schwierig ist. **Adsorption Elution**

Automatisierte Extraktionssysteme

Automatisierte Systeme müssen folgende Anforderungen erfüllen:
- Flexibilität gegenüber verschiedensten Probenmaterialien (Blut, Zellen, Gewebe)
- Flexibilität in Bezug auf die zu extrahierenden Nukleinsäuren (DNA, RNA, mRNA)
- Reproduzierbarkeit
- Kontaminationssicherheit, einfache Dekontaminierung
- Robustheit

Derzeit existieren bereits verschiedene automatisierte Nukleinsäure-Extraktionssysteme. Exemplarisch soll das MagNAPure LC DNA-Isolierungssystem der Firma Roche beschrieben werden.

MagNA Pure LC® DNA-Isolierungssystem

Dieses System ist ein vollautomatisches System für die Extraktion von Nukleinsäuren aller Art. Es ist ein echtes „walk-away" Gerät und kann in einem Durchgang bis zu 32 Proben extrahieren. Als Probenmaterialien können z. B. antikoaguliertes Blut, Gewebe oder isolierte Zellen eingesetzt werden. Wie bei jeder Nukleinsäureextraktion erfolgt auch beim MagNA Pure LC® System im ersten Schritt eine Lyse. Mittels Guanidiniumsalzen in hoher Konzentration und Proteinase K werden die Zellen aufgebrochen. Die nun frei zugänglichen Nukleinsäuren werden an magnetischen Silicapartikel gebunden.

Durch einen am Pipettierarm befindlichen Magneten werden die Partikel samt gebundenen Nukleinsäuren in Pipettierspitzen gehalten und in mehreren Waschschritten von den an Partikeln anhaftenden Verunreinigungen befreit. Nach dem Waschen werden die Partikel bei hoher Temperatur in einem Medium mit niedriger Ionenstärke inkubiert, wobei sich die gebundenen Nukleinsäuren von den Partikeln ablösen. Man erhält eine Lösung von gereinigten Nukleinsäuren.

Abb. 80: DNA-Isolationsroboter MagNa Pure LC®

4.2 Vermehrung von DNA – das Arbeiten mit Plasmiden

Wie schon in der Einleitung dieses Kapitels erwähnt, kann man DNA-Moleküle nicht in einem Lichtmikroskop beobachten oder gar Sequenzinformationen durch einfaches Betrachten des DNA-Strangs herauslesen. Um an Informationen über die DNA heranzukommen, bedarf es indirekter Methoden, die in den folgenden Abschnitten dargestellt werden. Eine Voraussetzung für all diese indirekten Methoden ist eine große Menge an gleichen DNA-Molekülen. Um diese großen Mengen an DNA herzustellen nutzt man Organismen, die sich unter Laborbedingungen leicht und schnell vermehren lassen, und keine großen Ansprüche an die Umwelt stellen – Bakterien. Wie in Kapitel 2.5.2 erwähnt, tragen viele Bakterien neben ihrer chromosomalen DNA noch kleine ringförmige DNA-Moleküle (= Plasmide) mit sich, die an die Tochterzellen eines sich teilenden Bakteriums weitergegeben werden.

indirekte Methoden

Bakterien

Auf Grund der Fähigkeit der selbstständigen Replikation in Bakterien wurden Plasmide zu den „Arbeitspferden" des identischen Vermehrens von DNA (des DNA-Klonens). Das Prinzip beruht darauf, dass fremde DNA, die künstlich in Plasmide eingesetzt wurde, sehr einfach in Bakterien eingeschleust werden kann, und durch die Vermehrung dieser Plasmide in sich teilenden Bakterien mit vermehrt wird (siehe Abb. 81). Plasmide, die Fremd-DNA enthalten, nennt man Vektoren. Mit ihrer Hilfe können ganz gezielt Gensequenzen oder ganze Gene in großer Zahl „hergestellt" und gewonnen werden. Die künstliche Aufnahme von Vektoren in Bakterien (in der Mikrobiologie spricht man von Transformation) ist aber nicht sehr effektiv. Um sicher zu gehen, dass sich nur diejenigen Bakterien vermehren, die den Vektor aufgenommen haben, bedient man sich eines weiteren Tricks: In Vektoren ist nicht nur das eingeschleuste Stück Fremd-DNA vorhanden, sondern die Plasmide sind so verändert worden das sie auch noch so genannte Antibiotikaresistenzgene tragen. Diese Resistenzgene werden in den Bakterien exprimiert, d. h. es wird aus dem Gen ein Enzym erzeugt, das bestimmte Antibiotika spalten bzw. inaktivieren kann. Dadurch wird das Bakterium, das den Vektor aufgenommen hat, resistent gegen ein Antibiotikum. Alle Bakterien, die den Vektor aufgenommen haben, können sich somit in einem Medium mit einem bestimmten Antibiotikum vermehren, während alle anderen Bakterien, die den Vektor nicht aufgenommen haben, durch das Antibiotikum nicht wachsen. So kann man selektiv nur diejenigen Bakterien vermehren, die auch die gewünschte DNA vermehren (siehe Abb. 82).

Klonierung von DNA Plasmide

Aufnahme von Vektoren Transformation

Resistenzgene

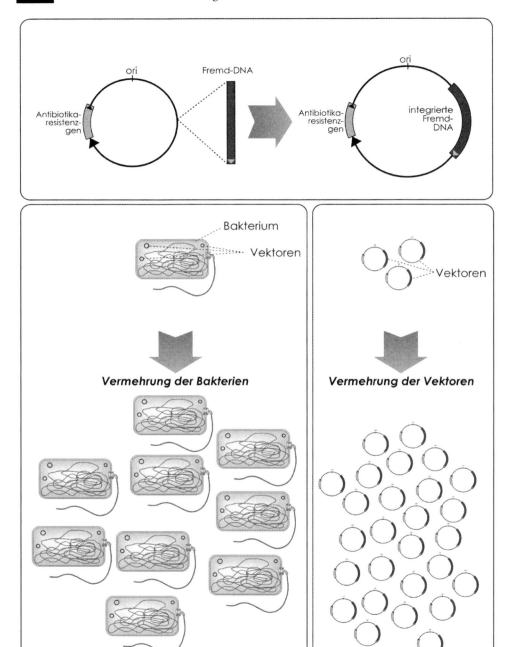

Abb. 81: Vermehrung von Plasmiden in Bakterien. *Oben: Fremd-DNA kann in Plasmide eingeschleust wer-*
den. Diese dann Vektoren genannten Plasmide können von Bakterien aufgenommen werden und mit der Ver-
mehrung der Bakterien (links) werden die Vektoren und damit auch die Fremd-DNA vervielfältigt (rechts).

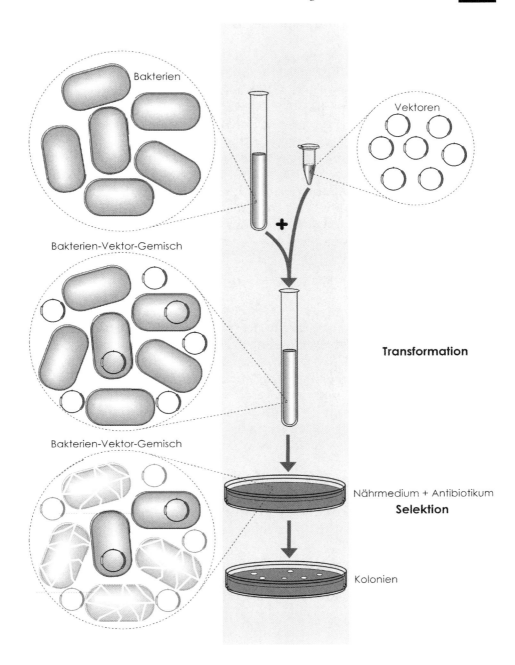

Transformation

Nährmedium + Antibiotikum
Selektion

Abb. 82: Prinzip des Klonierens. Vektoren mit Fremd-DNA-Abschnitten werden in Bakterien eingeschleust (Transformation). Nur Bakterien, die Vektoren aufgenommen haben können mit Hilfe eines Antibiotikaresistenzgens in Gegenwart eines bestimmten Antibiotikums wachsen (Selektion). Diese Bakterien können auf einem Nährmedium Kolonien aus vielen Milliarden gleichen Zellen (mit Plasmid und Fremd-DNA) bilden (Klone), die dann geerntet werden.

4.3　Analytik der DNA

Röntgenstrahlen

Eine der ersten Techniken, die eine Analyse der DNA ermöglichte, war die Untersuchung mittels Röntgenstrahlen. Mit dieser Methode gelang die Aufklärung der Doppelhelix-Struktur. Mit Hilfe der ersten einfachen Röntgenuntersuchungen konnten jedoch noch keine zufriedenstellenden dreidimensionalen Auflösungen erzielt werden. Erst als es gelang Kristalle der DNA herzustellen, waren die Voraussetzungen für Röntgenstrukturanalysen hoher Qualität gegeben. Seit 1980 wurden viele Experimente zur Aufklärung der DNA-Struktur und der Interaktion von DNA mit Proteinen durchgeführt. Diese können natürlich nicht in ihrer Gesamtheit aufgezählt werden. Es soll kurz das Prinzip der Röntgenstrukturanalyse und die Vorgangsweise vorgestellt werden.

4.3.1　Röntgenstrukturanalyse

hochreine DNA durch chemische Synthese

DNA-Kristalle

Als Voraussetzung für diese Untersuchung sind große Mengen des zu untersuchenden DNA-Materials in sehr reiner Form erforderlich. Die Herstellung der DNA erfolgt häufig durch chemische Synthese. Will man Interaktionen mit Proteinen studieren, müssen auch diese in großer Menge und hoher Reinheit präpariert werden. Im nächsten Schritt werden von den Substanzen Kristalle generiert, die sich für Röntgenstrukturanalysen eignen. Dies ist eine schwierige und nicht immer erfolgreiche Aufgabe. Wenn es gelingt, reine Kristalle zu züchten, kann man sie in einem geeigneten Gerät Röntgenstrahlen aussetzen. In dem Kristall sind Millionen DNA-Moleküle regelmäßig angeordnet und geben Signale ab, die man fotografisch festhalten kann. Wenn man viele Fotos macht und diese mit sehr komplexen mathematischen Methoden auswertet, kann man die

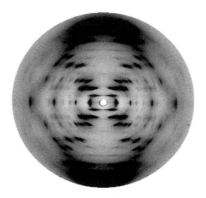

Abb. 83: Röntgenstrukturbild eines DNA-Moleküls

korrekte DNA-Struktur des untersuchten Moleküls darstellen (siehe Abb. 83). Heute erfolgt die mathematische Auswertung meistens automatisiert, unter Anwendung aufwendiger Programme.

4.3.2 Elektronenmikroskopie

Auch mit Hilfe der Elektronenmikroskopie können DNA-Moleküle sichtbar gemacht und Veränderungen dargestellt werden (siehe Abb. 84). Die Methode ist wie die Röntgenstrukturanalyse spezialisierten Labors vorbehalten. Bei Anwendung dieser Technik wird das DNA-Molekül zunächst auf eine Unterlage aufgebracht und mit einer Schwermetall-Färbung (z. B. mit Platin) angefärbt. Dadurch wird das Molekül im Elektronenstrahl sichtbar. Die Experimente selbst sind an sich nicht schwierig, aber störanfällig. Außerdem sind die benötigten Geräte teuer und können nur von sehr gut geschultem Personal bedient werden.

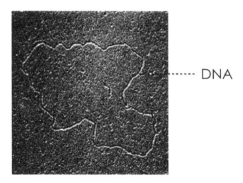 .... DNA

Abb. 84: Elektronenmikroskopisches Bild eines ringförmigen DNA-Moleküls

Röntgenstrukturanalyse und Elektronenmikroskopie sind Verfahren zur direkten Untersuchung der Struktur der DNA, die die physikalische Wirklichkeit wiedergeben. Da beide Methoden teuer und anspruchsvoll sind, werden heute meistens indirekte Analyseverfahren eingesetzt. Von den indirekten Verfahren sind optische, enzymatische oder elektrophoretische Methoden zu erwähnen. In den nachfolgenden Kapiteln werden die beiden letzten Techniken genauer beschrieben.

indirekte Analyseverfahren

4.3.3 Enzymatische und chemische Methoden

Verschiedene Enzyme und Chemikalien können für DNA-Strukturanalysen eingesetzt werden. Das Prinzip beruht meistens darauf, dass Enzyme oder Chemikalien die DNA an genau definierten Stel-

Enzyme und Chemikalien spalten DNA

len – z. B. bei bestimmten Sequenzabfolgen, wenn die DNA entfaltet ist oder wenn keine Proteine an die DNA gebunden sind – spalten.

Restriktionsenzyme

Endonukleasen
Exonukleasen

Restriktionsenzyme sind Nukleasen, die doppelsträngige DNA spalten können. Man unterscheidet Endonukleasen und Exonukleasen. Restriktionsendonukleasen schneiden die DNA innerhalb einer Sequenz bei Vorliegen einer genau definierten Basenabfolge. Jedes Restriktionsenzym erkennt eine ganz spezifische Basensequenz, ein so

Palindrom

genanntes Palindrom (z. B. GAATTC), das ist eine spiegelbildliche Sequenz. Wenn man die DNA als Doppelstrang betrachtet liest sich die Sequenz von 5' nach 3' auf beiden Strängen gleich – aufgrund der Antiparallelität der DNA sieht das dann aus wie gespiegelt. Vergleichbar ist diese Spiegelbildlichkeit mit auch in der Sprache vorkommenden Palindromen, z. B. Anna oder Otto (siehe Abb. 85).

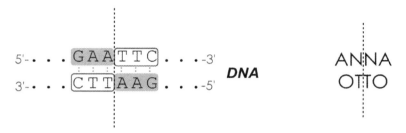

Abb. 85: Beispiel für ein Palindrom in einer DNA-Sequenz. Die jeweils spiegelbildlichen Sequenzabschnitte sind entweder eingerahmt bzw. grau eingefärbt.

Man unterscheidet häufig schneidende Enzyme, die eine Erkennungssequenz von vier Basen haben, von selten schneidenden Enzymen, bei denen die Erkennungssequenz 8–10 Basen umspannt. Ein anderes Unterscheidungsmerkmal ist die Art des Schnittes, den die Restriktionsenzyme in die DNA legen. Der Schnitt kann versetzt oder gerade erfolgen. Im ersteren Fall entstehen überhängende, so

„sticky" Enden
„blunt" Enden

genannte „sticky" Enden (z. B. EcoRI, ein sehr häufig verwendetes Enzym), im zweiten Fall bilden sich „blunt" oder stumpfe Enden (z. B. SmaI, siehe Abb. 86). Überhängende Enden lassen sich leichter ligieren, d. h. mit einem passenden DNA-Stück verknüpfen. Restriktionsenzyme, die „sticky ends" bilden, werden bevorzugt zum Klonieren verwendet.

Namen der
Restriktionsenzyme

Die Namen der Restriktionsenzyme geben ihre Herkunft an. Der erste Buchstabe steht für die Art des Bakteriums aus dem es isoliert wurde, der zweite und dritte für die Gattung, erweitert durch Namenszusätze und die chronologische Abfolge der Entdeckung. Das

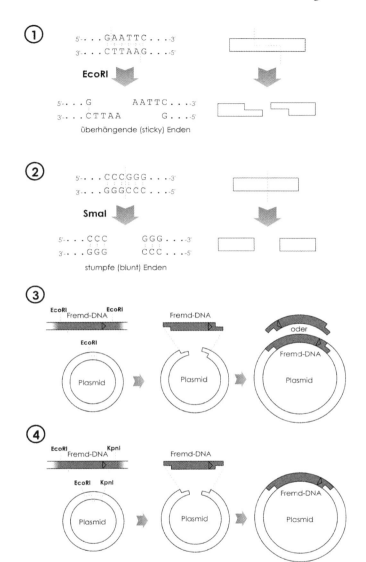

*Abb. 86: Restriktionsenzyme. 1. Das Restriktionsenzym EcoRI erkennt die Se-
quenz GAATTC und schneidet DNA „versetzt", dabei entstehen überhängende
DNA-Enden. Die schematische Darstellung rechts verdeutlicht diese „sticky" Enden. 2. Ein anderes Restriktionsenzym, SmaI, erkennt CCCGGG und schneidet
stumpf (blunt), vgl. auch Schema rechts. 3. Ungerichtete „sticky end"-Klonierung:
Ein mit EcoRI geschnittenes Stück Fremd-DNA wird in einen mit EcoRI geschnit-
tenen Vektor integriert. Die Ausrichtung des integrierten Fragments (Pfeilspitze innerhalb der Fremd-DNA) ist dabei zufällig. 4. Gerichtete „sticky end"-Klonierung:
Vektor und Fremd-DNA werden mit zwei verschiedenen Restriktionsenzymen geschnitten (z. B. EcoRI und KpnI). Die dadurch, sowohl im Vektor wie auch im
Fragment entstehenden unterschiedlichen DNA-Enden erlauben nur mehr die In-
tegration des Fremd-DNA-Stücks in den Vektor in einer Richtung.*

Enzym *Eco*RI ist beispielsweise das erste Enzym, das in dem Stamm *Escherichia coli* R(ough) gefunden wurde, und *Alu*I das erste Enzym aus *Arthrobacter luteus*. Mit der Entdeckung der Restriktionsenzyme ist die Entwicklung moderner molekularbiologischer Techniken untrennbar verbunden. Restriktionsenzyme ermöglichen die Herstellung definierter DNA-Fragmente, die isoliert und zu neuen Konstrukten zusammengesetzt werden können. Die normale Aufgabe der Restriktionsendonukleasen in Bakterien ist die Abwehr von fremder DNA (z. B. von Viren); sozusagen eine Art primitives Immunsystem gegen Angriffe von Viren. Viele Bakterien besitzen stammspezifische Restriktionsendonukleasen.

4.3.4 Elektrophorese

elektrophoretische
Untersuchung
Auftrennung der
DNA nach Größe

Eine im Anschluss an die Enzym- oder Chemikalienbehandlung durchgeführte elektrophoretische Untersuchung erlaubt es, die DNA nach der Größe aufzutrennen. In der Regel werden dazu verschiedene Gele verwendet.

Gele sind im Wesentlichen dreidimensionale Anordnungen kleinster Fasern, die ein definiertes Gefüge (Maschenwerk) ergeben (siehe Abb. 87). Gele lassen sich mit Gelatine oder Pudding vergleichen. Der Großteil der Masse ist Flüssigkeit, die zwischen den Fasern festgehalten wird. In den flüssigkeitsgefüllten Zwischenräumen eines Gels können Nukleinsäuren wandern. Da Nukleinsäuren eine elektrische Ladung tragen, bewegen sie sich beim Anlegen eines elektrischen Feldes rasch durch ein Gel. Je kleiner die Moleküle sind, desto rascher wandern sie.

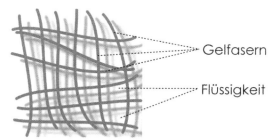

Abb. 87: Schematische Darstellung einer Gelstruktur (Maschenwerk von Gelfasern)

Man kann sich die Auftrennung so ähnlich vorstellen, als liefen ein Elefant und eine Maus durch einen dichten Wald. Der große Elefant muss des Öfteren vom geraden Weg abweichen, um durch das Dickicht zu kommen, er muss daher einen längeren Weg zurücklegen und kommt viel später als die Maus am Ende des Waldes an, die fast gerade laufen kann (siehe Abb. 88).

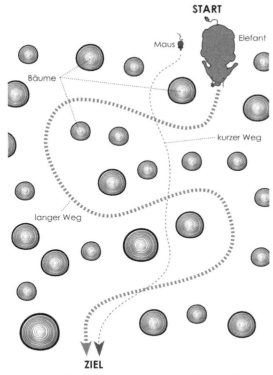

START

Elefant

Maus

Bäume

kurzer Weg

langer Weg

ZIEL

Abb. 88: Analogie zum Wanderungsverhalten großer und kleiner Moleküle im Gel: „Elefant und Maus-in-einem-Wald-Prinzip"

Gewöhnlich werden Gele zwischen zwei Glasplatten gegossen oder auf eine Folie oder eine Glasplatte aufgebracht. An ein Ende wird die positive, an das andere Ende die negative Elektrode angelegt. Die Gele werden entweder als Ganzes oder an den Enden in Puffer (= eine Salzlösung mit stabilisiertem pH-Wert) getaucht, um den Stromfluss sicherzustellen. Unter den generell angewandten Elektrophoresebedingungen (pH-Wert von ungefähr 8.0) sind die Nukleinsäuren negativ geladen und wandern von der Kathode (negativ geladen, –) zur Anode (positiv geladen, +).

Für die Elektrophorese von Nukleinsäuren werden Agarose und Polyacrylamid Gelsysteme verwendet. Beide Gel-Arten eignen sich gut zur Analyse von Nukleinsäuren, allerdings zeichnen sich Polyacrylamidgele gegenüber Agarosegelen durch ein höheres Auflösungsvermögen aus, d. h. auch DNA-Stücke, die sich in ihrer Länge nur geringfügig (einige Basen) unterscheiden, wandern unterschiedlich weit. Bei Agarosegelen sind erst größere Längenunterschiede erfassbar. Dafür kann man Agarosegele zur Untersuchung langer Fragmente einsetzen. Außerdem eignen sie sich besser für präparative

**Elektrophorese-
bedingungen:
DNA negativ
geladen**

Polyacrylamidgele

Agarosegele

Anwendungen, da die Elution (= das Herauslösen) der DNA aus Agarosegelen leichter durchführbar ist.

Elektrophoreseverfahren zur Untersuchung von DNA oder RNA sind grundsätzlich nicht unterschiedlich.

Längenstandards

DNA-Längen-standards zur Größen-bestimmung

Um eine Größenbestimmung der Nukleinsäurefragmente vornehmen zu können, ist es erforderlich, DNA-Längenstandards auf dem Elektrophoresegel mitlaufen zu lassen. Längenstandards oder Längenmarker oder DNA-Leitern, wie sie auch noch genannt werden, sind Mischungen aus DNA-Fragmenten mit genau definierten Längen, d. h. Anzahl von Basenpaaren. Es gibt eine Reihe von Standards, die unterschiedliche Größenbereiche umspannen. Für Agarosegele hat man früher z. B. einen HindIII (= ein Restriktionsenzym) Verdau des λ-Phagen (= ein Bakterienvirus) mit einem Größenbereich von 125 bp bis 23.000 bp benützt, heute verwendet man häufig mit Hilfe von PCR (siehe unten) generierte DNA-Fragmente mit definierten Längen (z. B. 100 bp, 200 bp, 300 bp usw. bis 1.000 bp). Für Polyacrylamidgele kann ein MspI (= ein Restriktionsenzym) Verdau von pBR 322 (= Plasmid) mit einem Größenbereich von 15 bp bis 622 bp eingesetzt werden.

Agarose Gelelektrophorese

Agarose Gelsysteme werden zur Trennung und Analyse helikaler DNA und linearer DNA-Fragmente und von RNA verwendet.

Agarose-Konzentration

Durch Variation der Agarose-Konzentration können lineare DNA-Fragmente der Größe von 0,1 kbp (Kilobasenpaare = 1.000 bp) bis 60 kbp separiert werden. Tabelle 3 gibt eine Übersicht über die für bestimmte Trennbereiche optimale Agarose-Konzentration.

Die Agarose Gelelektrophoresen werden in horizontalen Flachbettkammern unter Verwendung entsprechender Apparaturen durchgeführt (siehe Abb. 89).

Tab. 3: Trennbereiche für lineare DNA-Fragmente in Agarosegelen

Agarose-Konzentration (%)	Fragmentlänge (kb)
0,3	5–60
0,6	1–20
0,8	0,6–8
0,9	0,5–7
1,2	0,4–6
2	0,1–2

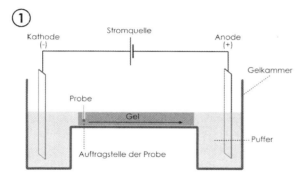

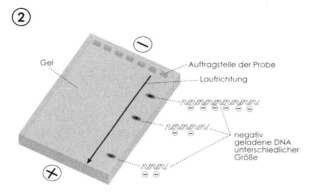

Abb. 89: Agorose Gelelektrophorese.
1. Aufbau einer Elektrophoreseapparatur
2. Agarosegel mit aufgetrennten DNA-Fragmenten unterschiedlicher Größe

Polyacrylamid Gelelektrophorese

Zur Untersuchung kleiner DNA-Fragmente sehr ähnlicher Länge
bietet sich die hochauflösende Polyacrylamid Gelelektrophorese an.
Ebenso wie bei den Agarose-Gelen kann durch Variation der Acry-
lamid-Konzentration der Trennbereich für die unterschiedlichen
Fragmentlängen optimiert werden (Tabelle 4). Die Elektrophorese
in Polyacrylamidgelen erfolgt in der Regel in vertikaler Richtung,
wobei die Anode am Boden der Gelkammer angebracht ist.
Die Herstellung von Polyacrylamidgelen ist aufwendiger als die von
Agarosegelen. Polyacrylamidgele werden zwischen zwei Platten gegossen, die durch einen Abstandhalter, der die Geldicke bestimmt,
getrennt sind. Das aufwendige Herstellungsverfahren der Gele sowie die Toxizität des Acrylamids führten dazu, dass die Polyacrylamid Gelelektrophorese immer seltener zur Analyse von DNA-Fragmenten eingesetzt wird.

**Acrylamid-
Konzentration**

Das viel höhere Auflösungsvermögen, die größere Auftragskapazität und die niedrigere Nachweisgrenze machen die Untersuchung für gewisse Fragestellungen (z. B. Single Strand Conformation Polymorphism, Analyse von VNTR-[*„variable number of tandem repeats"*]-Regionen) jedoch unerlässlich. Heute bieten verschiedene Firmen vorgefertigte Polyacrylamidgele an.

Polyacrylamidgele

Farbmarker

Die elektrophoretische Wanderung der Proben kann durch Zusatz eines Farbmarkers z. B. Bromphenolblau, verfolgt werden.

Tab. 4: Optimale Trennbereiche für DNA-Fragmente in Polyacrylamidgelen

Acrylamid-Konzentration (%) (w/v)	Fragmentlänge (bp)
3,5	300–2000
5,0	80–500
8,0	60–400
12,0	40–200

Pulsfeld Gelelektrophorese

Die oben beschriebenen Elektrophoresemethoden eignen sich zur Untersuchung von DNA-Segmenten bis zu maximal 50 kb (Agarosegel Elektrophorese) bzw. zur Analyse kleiner DNA-Segmente (Polyacrylamid Gelelektrophorese). Für manche Fragestellungen ist es jedoch erforderlich DNA-Regionen einer Größe von etwa 20 Kilobasen bis zu 2.000 Kilobasen zu analysieren. Für derartige Anwendungen muss man eine spezielle Technik einsetzen. Sehr große DNA-Moleküle (> 100 kb) wandern alle mit derselben Geschwindigkeit und sind normalerweise nicht zu trennen. Die Pulsfeld Gelelektrophorese-Technik schaffte die Voraussetzung zur Auftrennung sehr großer DNA-Moleküle. Das Prinzip der Methode beruht darauf, dass an ein Gel pulsierende, alternierende elektrische Felder angelegt werden. Unter diesen Bedingungen wandern auch sehr große DNA-Moleküle entsprechend ihrer Größe und können fraktioniert werden.

Auftrennung von sehr großen DNA-Fragmenten

Die Pulsfeld Gelelektrophorese dient zu Beantwortung sehr spezieller Fragestellungen und kommt heute in der Diagnostik nur selten zum Einsatz.

4.3.5 Anfärbung von Nukleinsäuren nach Gelelektrophorese

Nach der Auftrennung eines Nukleinsäure-Gemisches müssen die Bestandteile sichtbar gemacht werden. Nukleinsäuren werden meist durch eine fluoreszierende Substanz, z. B. Ethidiumbromid, sichtbar gemacht. Ethidiumbromid ist ein Fluoreszenzfarbstoff, der sich

Ethidiumbromid

in DNA- oder RNA-Moleküle zwischen die Basen einlagert (interkaliert, siehe Abb. 90). DNA, in die Ethidiumbromid interkaliert ist,
kann mit UV-Licht angeregt werden und leuchtet danach orange-
rot (siehe Abb. VI im Farbtafelteil).

Interkalation

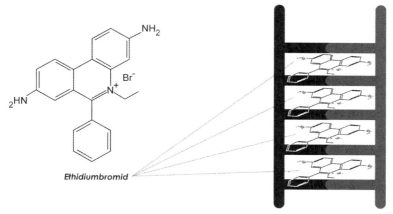

Abb. 90: Ethidiumbromid. *Links: Struktur eines Ethidiumbromidmoleküls.
Rechts: schematische Darstellung der Interkalation in die DNA*

Jene Stellen im Agarose- oder Polyacrylamidgel, an denen sich
Nukleinsäuren befinden, leuchten unter UV-Licht orange-rot auf,
während Stellen ohne Nukleinsäuren dunkel bleiben. Die Licht-
intensität ist in einem bestimmten Konzentrationsbereich direkt
proportional zur vorliegenden DNA- oder RNA-Menge sowie zur
Länge der Nukleinsäure (siehe Abb. 91).

Anfärbung von
Nukleinsäuren

Ethidiumbromid ist aufgrund seiner Fähigkeit, in DNA zu interka-
lieren, mutagen. Daher ist beim Umgang mit dieser Substanz Vor-
sicht geboten. Insbesondere ist die Verwendung von Handschuhen
dringend zu empfehlen. Außerdem müssen Ethidiumbromid-halti-
ge Abfälle adäquat behandelt bzw. als Sondermüll entsorgt werden.
Die Anregung mit UV-Licht erfolgt üblicherweise auf einem so genannten Transilluminator (Durchlichtkasten) bei einer Wellenlän-
ge von etwa 300 nm.

Mit Hilfe von Ethidiumbromid können Mengen von 5–10 ng DNA
gerade noch sichtbar gemacht werden. Wenn man geringere DNA-
Mengen sichtbar machen möchte, sind andere Fluoreszenzfarbstoffe erforderlich. Solche Farbstoffe sind seit einigen Jahren in vielen
Labors in Verwendung, wie z. B. SYBR-Green, SYBR-Gold oder
SYBR-Safe. Diese Farbstoffe sind nahezu 10-mal empfindlicher, aber
auch teurer und photo-oxidativ, d. h. die Anfärbung muss in abge-
dunkelter Umgebung erfolgen.

andere Fluores-
zenzfarbstoffe
SYBR-Green

Moderne Analyseverfahren

Prinzip der
Kapillarelektro-
phorese

Bestrebungen, die zeitaufwendigen und arbeitsintensiven gelelektrophoretischen Analyseverfahren durch vollautomatisierte Systeme zu ersetzen, haben in den letzten Jahren zur Entwicklung von sensitiven und hochauflösenden Kapillarelektrophoresemethoden geführt, die die Untersuchung von bis zu 96 Proben in einem Lauf erlauben. Jeweils eine zu untersuchende Probe wird durch das Anlegen einer Spannung automatisch in eine einzelne Kapillare geladen – dadurch fällt das händische Beladen der Gele weg, was zu einer deutlichen Zeitersparnis und einer besseren Standardisierung der Ergebnisse führt. Die für die Auswertung erforderliche Probemenge ist sehr gering – bereits 0,1 ul reichen für eine Analyse. Dadurch spart man die wertvollen Proben für nachfolgende Untersuchungen. Im elektrischen Feld wandern die negativ geladenen Nukleinsäuren innerhalb der Kapillaren zum positiven Pol. Analog zur Agarosegelelektrophorese wandern auch in den Kapillarelektrophoresesystemen die Fragmente mit geringerem Molekulargewicht schneller als jene mit höherem Molekulargewicht.

kleine Mengen an
DNA benötigt

gut automatisier-
bar

In unserem Labor setzen wir das QIAxcel Gerät der Firma QIAGEN ein. Das Gerät ist charakterisiert durch ein einzigartiges optisches System und umfasst daneben noch gebrauchsfertige QIAxcel Gel Kartuschen mit 12 separaten Kapillaren für eine schnelle und hochauflösende DNA-Fragment- und RNA-Analyse, und eine Analyse-Software. Die Detektion der Nukleinsäuren wird ermöglicht durch das Vorhandensein von Ethidiumbromid an den Trägermolekülen, welches die Nukleinsäuren anfärbt. Die Detektion der Fluoreszenz erfolgt durch Leuchtdioden und mikrooptische Kollektoren innerhalb des QIAxcel Geräts an den zwölf Kapillaren. Die Nukleinsäure-Fragmente, die durch die Gelmatrix innerhalb der Kapillaren wandern, passieren einen Anregungs- und Detektionspunkt, von dem das Signal empfangen wird und für die Dateninterpretation durch einen Photoelektronenvervielfacher an die QIAxcel Analyse Software übermittelt wird.

Das Gerät hat eine hohe Detektionsensitivität und liefert auch im Bereich niedriger Nukleinsäurekonzentrationen robuste und zuverlässige Resultate. Attraktiv ist auch die hohe Auflösung von 3–5 bp bei Nukleinsäure-Fragmenten unter 500 bp. Dies sichert eine größere Genauigkeit als herkömmliche Gelelektrophorese-Systeme und erlaubt eine genauere Interpretation der Daten.

4.3.6 Dokumentation und Mengenabschätzung der DNA

Die Dokumentation der Ergebnisse erfolgt meistens mittels Digitalkamera (elektronische Erfassung) oder Sofortbildkamera (Polaroidfotos).

Die Auswertung der Ergebnisse ist in der Regel qualitativ oder semiquantitativ. Bei einer DNA, die man frisch präpariert hat, weiß man normalerweise die Konzentration nicht. Wie oben erwähnt ist die Intensität der Fluoreszenz proportional zu der Menge an DNA und deren Länge. Daher kann man abschätzen wie viel DNA/RNA aufgetragen wurde, wenn man die Banden mit der Bandenintensität eines mitaufgetragenen Standards vergleicht (siehe Abb. 91). Bei den Längenmarkern weiß man nicht nur die Länge der unterschiedlichen Fragmente, es wird auch die Menge der DNA der einzelnen Fragmente angegeben (meist in Nanogramm, ng).

Auswertung der Ergebnisse

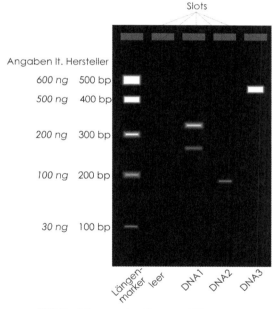

DNA1: 2 Fragmente: Längen ~330 bp + ~ 260 bp
Menge: ~170 ng (gleich viel wie 300 bp Marker-Fragment, jedoch ein wenig länger - daher weniger DNA-Menge)

DNA2: Länge: ~190 bp
Menge: ~50 ng

DNA3: Länge ~440bp
Menge: ~450ng

Abb. 91: Beispiel eines Gelfotos von aufgetrennten und mit Erthidiumbromid gefärbten DNA-Fragmenten und deren Mengenabschätzung

4.4 Hybridisierungsmethoden

Die Hybridisierung ist ein zentrales Prinzip vieler molekularbiologischer Untersuchungstechniken. Sie ist der kritische Schritt aller Detektionstests mit DNA-Sonden und eines der wesentlichen Elemente bei der PCR (siehe unten, Anlagerung der Primer an das DNA-Template).

4.4.1 Prinzip

denaturierte DNA

Wie eingangs beschrieben, ist DNA normalerweise doppelsträngig. Wird DNA erhitzt oder chemisch behandelt, so öffnen sich die Wasserstoffbrücken, die beiden Stränge trennen sich und es liegen Einzelstränge vor. Man spricht in diesem Zustand von denaturierter DNA.

Hybridisierung

Bei der Hybridisierung lagert sich an einem Einzelstrang einer Desoxyribonukleinsäure oder einer Ribonukleinsäure ein mehr oder weniger vollständig komplementärer DNA- oder RNA-Einzelstrang an, in dem Wasserstoffbrückenbindungen zwischen den jeweils komplementären Nukleinsäurebasen ausgebildet werden. Ein Strang mit der Reihenfolge der Nukleotide 5'-AATGCGT-3' ist beispielsweise zu 3'-TTACGCA-5'-DNA oder zu 3'-UUACGCA-5'-RNA komplementär (siehe Abb. 92).

Die Hybridisierung dient dem Nachweis von DNA-Molekülen in einer Probe. Mit der Hybridisierung lässt sich z. B. nachweisen, ob ein bestimmtes Gen oder ein Genabschnitt in einer Probe vorhanden ist. Die Hybridisierungstechnik dient zum Nachweis einer strukturellen Verwandtschaft von Nukleinsäuren, wie auch zur Isolierung spezifischer Nukleinsäuresequenzen aus einem Gemisch.

Nachweis struktureller Verwandtschaft

DNA-Sonde
Gensonde

optimale Temperatur

Das DNA-Segment mit bekannter Sequenz, das man zur Hybridisierung verwendet, bezeichnet man als DNA-Sonde. Häufig wird auch der Name Gensonde verwendet. Zu beachten ist, dass eine selektive Hybridisierung einer Sonde an eine Vorlage von der Temperatur abhängig ist. Wird die optimale Hybridisierungstemperatur unterschritten, hybridisieren auch DNA-Abschnitte, deren Basen nur zum Teil komplementär sind, miteinander. Wird die Temperatur überschritten, findet keine Hybridisierung statt. Die Hybridisierung ist umso effizienter, je länger die Sequenz ist und je genauer die Komplementarität erfüllt ist. Eine Hybridisierung kann aber auch dann stattfinden, wenn einzelne „störende" nicht komplementäre Basen in einer langen Sequenz liegen, die ansonsten komplementär ist. Dies ist wichtig und bei Anwendung von Hybridisierungsmethoden zu beachten.

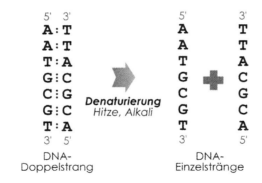

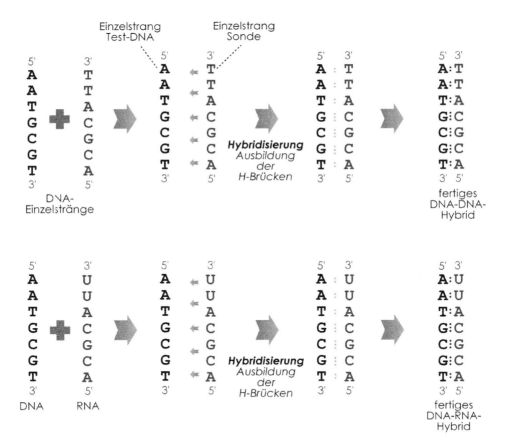

Abb. 92: Prinzip der Hybridisierung. *Die Hybridisierung ist eine Umkehrung der Denaturierung der DNA (oben). Die Ausbildung der H-Brücken zwischen komplementären Basen ermöglicht die Anlagerung komplementärer DNA-Sonden an einen DNA-Einzelstrang und die Bildung eines DNA-DNA-Hybrids (Doppelstrang, Mitte) oder im Falle von DNA- und RNA-Sonden die Ausbildung eines DNA-RNA-Hybrids (unten).*

Nachweis von Mutationen

Zum Nachweis von Mutationen wird eine Zielsequenz, in der man eine Mutation identifizieren möchte, mit einem bekannten DNA-Stück, welches die Normalsequenz oder die mutierte Sequenz repräsentiert, gemischt und unter geeigneten Bedingungen hybridisiert. Bei vollständiger Übereinstimmung der Sequenzen binden sich die beiden Einzelstränge fest aneinander. Stimmen nicht alle Basen überein, ist die Bindung weniger fest und kann leichter, z. B. bei niedrigerer Temperatur, aufgebrochen werden (siehe Abb. 93). Die Hybridisierung kann in Lösung erfolgen, es kann aber auch einer der beiden Einzelstränge auf einer Membran fixiert sein.

Markierung der DNA-Stränge

Um die Bindung sichtbar zu machen, ist einer der beiden DNA-Stränge markiert (z. B. mit Fluoreszenzfarbstoffen [siehe Abb. VII im Farbtafelteil], Digoxigenin, Radioaktivität, Biotin). Wie schon erwähnt, ist bei allen Hybridisierverfahren die Hybridisiertemperatur T_m (auch Schmelztemperatur, engl. *melting temperature)* von

Schmelzpunkt

großer Bedeutung. T_m basiert auf dem Schmelzpunkt des Doppelstrangmoleküls und entspricht jener Temperatur, bei der die Hälfte der Moleküle als Doppelstrang und die Hälfte als Einzelstrang vorliegen. Bestimmend für die T_m ist die Länge des Doppelstrangfragments und die Anzahl der C und G Basen. Durch das Fehlen einer richtigen Basenpaarung innerhalb der letzten 5 Basen vom Ende der Detektionssonde kann die T_m um bis zu 11° reduziert werden.

4.4.2 Southern Blot

Nachweis einer bestimmten Gensequenz

Beim Southern Blot handelt es sich um eine 1975 von Edwin Southern entwickelte Untersuchungsmethode für DNA. Die Technik erlaubt den Nachweis einer bestimmten Gensequenz in einem komplexen DNA-Gemisch, z. B. der gesamten genomischen DNA eines Organismus. Die Detektion des gesuchten Gens oder Genabschnitts erfolgt in relativ kurzer Zeit, ohne dass sämtliche Sequenzen des Gemisches entschlüsselt werden müssen.

Prinzip der Methode

Beim klassischen Southern Blot wird die zu untersuchende DNA mit einem oder mehreren Restriktionsenzymen behandelt, damit in kleine Stücke geschnitten und anschließend durch Agarose Gelelektrophorese der Größe nach aufgetrennt. Das im Gel entstandene Trennmuster wird auf eine Membran (meist Nylon oder Nitrocellulose) übertragen und dort dauerhaft fixiert. Anschließend wird die Membran mit einer chemisch oder radioaktiv markierten Sonde behandelt. Die Sonde besteht aus einzelsträngiger DNA, welche

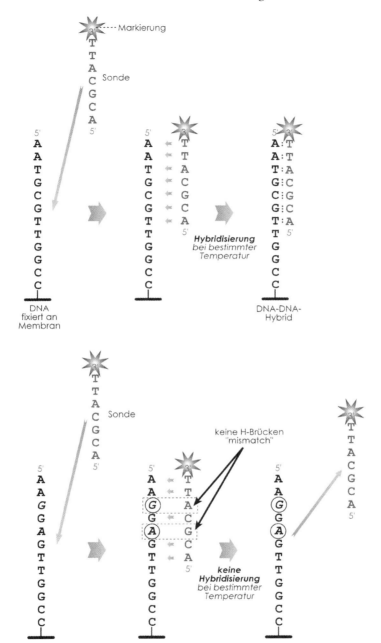

Abb. 93: Prinzip der Hybridisierung kurzer, markierter DNA-Sonden an membranfixierte DNA.
Oben: Bei vollständiger Komplementarität von Sonde und fixiertem DNA-Molekül können alle H-Brücken
ausgebildet werden und es kommt bei einer bestimmten Temperatur zu einer vollständigen Bindung. Unten:
Sind in der membranverankerten DNA zwei Basen ausgetauscht (schwarze Kreise), kann an zwei Stellen kei-
ne Basenpaarung stattfinden (schwarze Pfeile); die Stabilität der Bindung zwischen DNA und markierter Son-
de wird dadurch verringert.

zur gesuchten Sequenz komplementär ist. Befindet sich diese Sequenz irgendwo auf der Membran, so bildet die Sonde Basenpaarungen aus und bindet dauerhaft in diesem Bereich. Alle unspezifischen Bindungen werden mittels verschiedener Waschschritte entfernt. Die Detektion der gebundenen Sonde erfolgt durch Auflegen der Membran auf Röntgenfilm, Fotopapier oder Phospho-Imager-Platten. Als Untersuchungsmaterial dient in der Regel genomische DNA. Sie wird aus kernhaltigen Zellen isoliert und danach für die Auftrennbarkeit in einer Elektrophorese mit einem oder mehreren Restriktionsenzymen behandelt. Je nachdem, wie oft das gewählte Enzym in der gesuchten Sequenz schneidet, entstehen unterschiedlich viele detektierbare Fragmente. Liegt zum Beispiel keine Schnittstelle innerhalb der Untersuchungssequenz vor, so entsteht nur ein Fragment, d. h. eine Bande in der Elektrophorese. Schneidet das Enzym einmal, entstehen zwei Banden. Dies trifft für alle jene Sequenzen zu, die sich nur einmal in der genomischen DNA finden. Viele DNA-Sequenzen sind aber mehrfach vorhanden, weshalb häufig mehrere DNA-Fragmente detektierbar sind. In der Praxis wird die isolierte DNA mit dem ausgewählten Restriktionsenzym bei der optimalen Temperatur inkubiert. Nach der Enzymbehandlung trennt man das DNA-Gemisch in einem Agarosegel der Größe nach auf. Da die Restriktionsenzyme statistisch verteilt in der DNA schneiden, gibt es Fragmente jeder Größe. In dem Gel entstehen keine Banden, sondern ein „Schmier" aus vielen unterschiedlichen DNA-Fragmenten (siehe Abb. 94). Nach der Elektrophorese wird das Gel nacheinander mit stark verdünnter Salzsäure, einer Denaturierungslösung und einer Neutrali-

Untersuchungsmaterial für Southern Blot

Restriktionsenzym Spaltung

DNA-„Schmier"

Elektrophorese

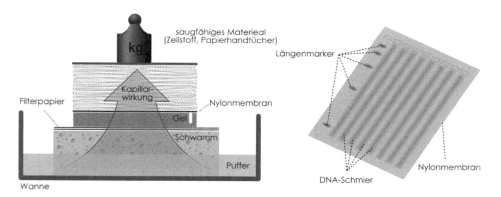

Abb. 94: Southern Blot. Skizze der Transferapparatur (links) und schematische Darstellung der Nylonmembran mit transferierter DNA (rechts). Die DNA kann auf der Membran durch Anfärben mit Methylenblau oder durch Betrachtung auf einem Transilluminator (wenn sie vorher mit Gel mit EtBr angefärbt wurde) sichtbar gemacht werden.

sierungslösung behandelt, um es auf den DNA-Transfer, das Blotting, vorzubereiten.

Blotting

Als Blotting wird der Transfer der DNA aus dem Gel auf eine Membran bezeichnet. Dafür gibt es verschiedene Möglichkeiten:

Kapillar-Blot
Die treibende Kraft ist ein Flüssigkeitsstrom, der von einem Reservoir ausgehend von unten durch das Gel, weiter durch die Membran zu einem Stapel saugfähigen Materials läuft. Die Pufferflüssigkeit zieht die DNA aus dem Gel auf die Membran, wo diese aufgrund ihrer Größe hängen bleibt (siehe Abb. 94). Das Verfahren läuft meist 10 bis 12 Stunden (meist über Nacht). Wichtig ist, dass sich nirgendwo im Aufbau Luftblasen befinden, da sie den Flüssigkeitsstrom unterbrechen und an dieser Stelle die DNA nicht übertragen wird.

Kapillar-Blot

Vakuum-Blot
Er funktioniert prinzipiell wie der Kapillar-Blot. Statt des saugfähigen Materials zieht hier allerdings Vakuum die Flüssigkeit durch Gel und Membran. Der Vakuum-Blot ist deutlich schneller und gibt in der Regel klarere Ergebnisse.

Vakuum-Blot

Elektro-Blot
Beim Elektro-Blot wird die negative Ladung der DNA genutzt. Das Gel liegt auf einer Kathodenplatte. Auf dem Gel liegen die Membran und darüber die Anodenplatte. Eine Salzlösung gewährleistet, dass ein elektrischer Strom fließen kann und die DNA sich in Richtung der Anode bewegt. Sie wandert aus dem Gel und bleibt auf der Membran hängen.
Nach dem Blotting wird die Membran getrocknet. Danach wird die DNA z. B. durch Bestrahlung mit UV-Licht in der Membran dauerhaft fixiert (quervernetzt – engl. *crosslinking)*. Will man nicht gleich mit der Analyse fortfahren, kann man die Membran im Kühlschrank in einer Folie eingeschweißt lagern.
Im nächsten Schritt, der eigentlichen Hybridisierung, wird die Membran mit einer markierten Sonde inkubiert (siehe Abb. 95).

Elektro-Blot

DNA-Sonden

Zur Detektion einer bestimmten DNA- oder RNA-Sequenz muss man die entsprechende komplementäre Sequenz herstellen. Am einfachsten zu produzieren sind einsträngige, kurzkettige DNA-Sonden.

DNA-Sonden

Oligonukleotide

Diese so genannten Oligonukleotide werden synthetisch hergestellt und z. B. für die allelspezifische Hybridisierung verwendet.

Als Sonden eignen sich weiters sowohl repetierte (sich wiederholende) Sequenzen, wie auch Sequenzen, die nur einmal pro haploidem Chromosomensatz vorkommen (single copy Sequenzen). Zu den meistgebrauchten repetierten Sequenzen gehören die zentromerischen, chromosomspezifischen Satelliten.

single copy Sonden

Locus-spezifische Sonden

Locus-spezifische Sonden kann man dadurch gewinnen, dass man das gesuchte Gen oder einen Genabschnitt kloniert und anschließend markiert. Dazu wird das Gen bzw. die DNA-Sequenz mit Hilfe eines Vektors in lebende Mikroorganismen eingeschleust und vermehrt. Die Markierung der DNA-Sonden geschieht enzymatisch entweder durch PCR oder ein PCR-ähnliches Verfahren (siehe unten).

Man legt die Zielsequenz vor und kopiert sie durch diese Verfahren sehr zahlreich. Dabei können die später zur Detektion genutzten Markierungen (Radioaktivität, Fluoreszenz) eingebaut werden.

Hybridisierungsvorgang

Hybridisierung

Die Hybridisierung erfolgt bei Temperaturen um 60 °C. Die hohe Temperatur garantiert, dass sich die Sonde nur an die gesuchte Zielsequenz bindet und keine unspezifischen Wechselwirkungen mit anderen Sequenzen eingeht (siehe Abb. 95). Ungebundene Gensonden werden in geeigneten Waschvorgängen entfernt. Im letzten Schritt erfolgt die Detektion der gebundenen Sonde, je nach Markierung mittels Röntgenfilms (Autoradiographie, siehe Abb. 97), Fotopapiers, Phospho-Imager-Platten oder enzymatischen Färbereaktionen.

Detektion

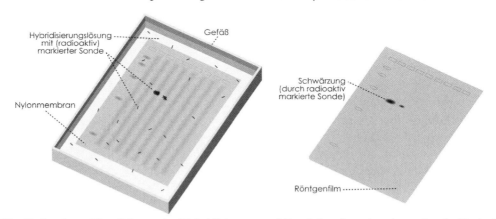

Abb. 95: Southern Blot. Schema der Hybridisierung und Detektion der gebundenen Sonde. *Nach der Hybridisierung mit einer radioaktiv markierten Sonde (links) und Waschschritten wird ein Röntgenfilm über die Membran gelegt und die hybridisierte Sonde durch Schwärzung des Röntgenfilms detektiert (= Autoradiographie, rechts).*

4.5 Polymerase Kettenreaktion (PCR)

4.5.1 Qualitative PCR

Die Polymerase Kettenreaktion (engl. *polymerase chain reaction*, PCR) hat die moderne Labordiagnostik revolutioniert. Bis vor etwa 50 Jahren wusste man nicht, wie die molekularen Mechanismen der Vererbung, Speicherung, Umsetzung und Vervielfältigung der biologischen Informationen funktionieren. Selbst als der erste Mensch schon seinen Fuß auf den Mond gesetzt hatte, war es noch nicht möglich, die einzelnen Chromosomen wirklich zuverlässig zu unterscheiden. Fast alles, was wir heute wissen und machen können, wurde in den letzten 25 Jahren erarbeitet. Den letzten großen Meilenstein markierte die vollständige Entschlüsselung des menschlichen Genoms im Jahr 2000. Alle diese Fortschritte wurden wohl am stärksten durch die Entwicklung der Polymerase Kettenreaktion (PCR) beeinflusst und vieles wurde erst mit dieser 1986/87 von K. Mullis veröffentlichten Technologie möglich.

Mit der PCR kann man spezifische Abschnitte des Genoms in ganz definierter Länge und mit hoher Spezifität vervielfachen. Heute gibt es eine große Vielzahl von PCR-Varianten und die PCR ist eine der wichtigsten Methoden in der molekularen Biologie und molekularen Medizin. Grundsätzlich dient die PCR der Vermehrung einer bestimmten DNA-Sequenz, von der nur geringe Mengen zur Verfügung stehen. Man kann mit der PCR große Mengen des zu untersuchenden Materials produzieren, um danach eine detaillierte Untersuchung durchzuführen, wie z. B. DNA-Sequenzen genau zu untersuchen und genetische Veränderungen mit sehr hoher Spezifität und Empfindlichkeit zu detektieren.

Die ersten Anwendungen der PCR waren der Mutationsnachweis im Genom von Patienten mit Beta-Thalassämie 4 und Sichelzellanämie 5 sowie der Nachweis proviraler DNA in Leukozyten. Heute wird die Methode sehr breit eingesetzt, z. B. zum Nachweis von Viren oder bakteriellen Keimen, zur Detektion von tumorspezifischen Abnormalitäten, zur Vermehrung von DNA-Abschnitten vor der Sequenzierung, zum Verwandtschaftsnachweis mittels genetischen Fingerprints, zur Erstellung von Transkriptionsprofilen und zur Quantifizierung von Nukleinsäuren. Außerdem lassen sich mit Hilfe der PCR in einfacher Weise beliebige Sequenzabschnitte des Nukleinsäurebestandes eines Organismus klonieren. Einige der heute verfügbaren PCR-Methoden ermöglichen auch eine zielgerichtete oder zufällige Veränderung von DNA-Sequenzen (d. h. man kann zielgerichtet an bestimmten Stellen in einem DNA-Abschnitt Mu-

Polymerase Kettenreaktion (PCR)

spezifische Abschnitte des Genoms vervielfachen

tationen einführen und ihre Auswirkungen studieren) sowie sogar die Synthese größerer, in dieser Form zuvor nicht existenter, künstlicher Sequenzabfolgen.

Wie ausgeführt dient die PCR der Vervielfältigung eines kurzen, genau definierten Teils eines DNA-Strangs. In der Regel werden Abschnitte von einigen 100 bis 10.000 Basenpaaren amplifiziert.

Eine PCR-Analyse besteht immer aus drei Teilen:

1. Probenvorbereitung meistens identisch mit der Nukleinsäureisolierung

Probenvor-bereitung

Die Probenvorbereitung wird überwiegend noch manuell durchgeführt und stellt den arbeitsintensivsten Teil der PCR-Analyse dar. Nukleinsäureisolierungsverfahren werden später detailliert beschrieben.

2. Amplifikation

Prinzip der PCR

Der Clou der PCR-Technik besteht in der Kombination verschiedener Reaktionen in einem einzigen Reaktionsgefäß. Die Reaktionen werden zyklisch durchlaufen. Innerhalb eines Zyklus bestimmt die Temperatur des Reaktionsansatzes, welche der möglichen Einzelreaktionen abläuft.

Für die PCR benötigt man folgende Komponenten:

DNA
Oligonukleotid-Primer

- **DNA**, die den zu vervielfältigenden Abschnitt enthält;
- **Oligonukleotid-Primer** (das sind kurze, einzelsträngige DNA-Moleküle mit einer Länge von ca. 20–25 Nukleotiden), die komplementär zu den Enden des zu vervielfältigenden DNA-Stücks sein müssen. Sie legen somit Anfang und Ende des zu amplifizierenden Abschnitts fest. Die Primer werden synthetisch hergestellt, wobei zu beachten ist, dass sich die Qualität der Primer von Synthese zu Synthese beträchtlich unterscheiden kann. Neu synthetisierte Primer müssen vor jeder Verwendung ausgetestet werden!

DNA-Polymerase

- Eine hitzestabile **DNA-Polymerase**, die den gewünschten Abschnitt repliziert und bei hohen Temperaturen nicht zerstört wird;

Nukleotide

- **Nukleotide** als Bausteine für die zu synthetisierenden DNA-Stränge

Magnesium-hältiger Puffer

- und einen **Magnesium**-hältigen **Puffer**.

Im ersten Schritt wird der Reaktionsansatz auf 95 °C erhitzt, wobei die doppelsträngige DNA „aufgeschmolzen" wird und danach einzelsträngig vorliegt. Dieser Schritt entspricht der **Denaturierung**.

Denaturierung

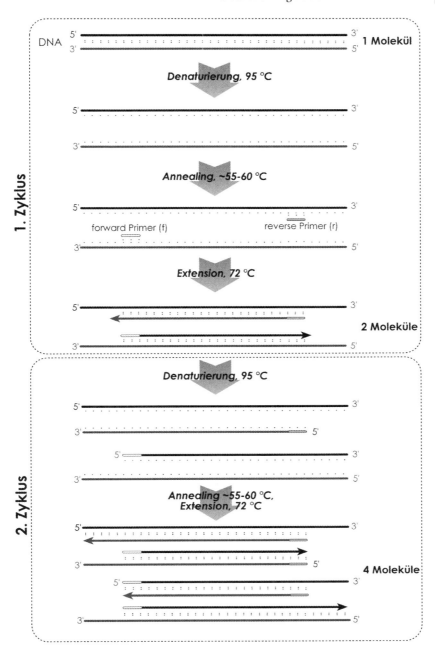

Abb. 96: Schema der molekularen Abläufe während der ersten drei Zyklen einer PCR-Reaktion. *Nach der Denaturierung des Ausgangs-DNA-Moleküls binden die Primer an die Einzelstränge (annealing), danach werden die komplementären Stränge durch die Polymerase synthetisiert (Extension), wobei das Ausgangs-DNA-Molekül verdoppelt wird und zwei DNA-Moleküle entstehen. Der erste Zyklus ist damit beendet. Die einzelnen Reaktionen der PCR werden im zweiten Zyklus nun mit zwei Ausgangsmolekülen gestartet. Im dritten Zyklus werden aus vier DNA-Molekülen acht gebildet, usw.*

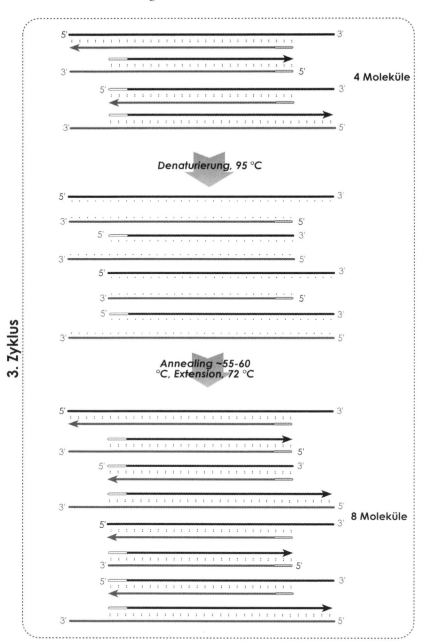

In den folgenden Schritten fungieren beide Einzelstränge als Vorlage für das Enzym Polymerase, welches einen komplementären zweiten Strang synthetisiert.

Der zweite, kritischste Schritt einer PCR ist die Anlagerung (**annealing**) der Primer, die nur dann korrekt erfolgt, wenn die Temperatur und die Magnesiumchlorid-Konzentration richtig gewählt wurden. In der Regel wird die Temperatur in diesem Schritt auf etwa 45–60 °C abgesenkt. Bei dieser Temperatur können sich die Primer an die komplementäre Sequenz anlagern (hybridisieren). Dieser annealing-Schritt muss für die spezifische Reaktion optimiert werden. Zu beachten sind dabei die Länge und Basenabfolge der Primer. Der Primer der weiter stromaufwärts an der DNA liegt wird „forward primer" genannt, der weiter downstream liegende, der mit dem anderen Strang hybridisiert, heißt „reverse primer".

Danach erfolgt eine Erhöhung der Temperatur auf 72 °C und die Polymerase synthetisiert in 5'-3'-Richtung, ausgehend von den Primern, den zur jeweiligen Vorlage komplementären Strang (wird auch **Extension** genannt).

Aus einem DNA-Molekül sind somit zwei geworden, und der Vorgang kann mit dem Denaturieren erneut beginnen. Nach Abschluss des nächsten Zyklus liegen vier Moleküle vor, dann 8, 16, 32, 64 usw., d. h. die Vermehrung der DNA erfolgt exponentiell (siehe Abb. 98).

Die PCR wird in einem Thermocycler durchgeführt und umfasst in der Regel eine Serie von 20–30 Zyklen. Nach 20 Zyklen entstehen aus einem DNA-Molekül mehr als eine Million identischer DNA-Abschnitte!

Da die Temperatur in einer PCR zu Beginn eines jeden Zyklus auf 95 °C erhöht wird, muss das Enzym Polymerase, das die Amplifikation katalysiert, extrem hitzestabil sein. Der große Durchbruch der PCR gelang daher erst, als man Bakterien fand, die in heißen Quellen leben und deshalb hitzestabile Polymerasen besitzen. Heute setzt man überwiegend rekombinante Enzyme ein.

3. Detektion

Detektion von PCR-Produkten: PCR-Produkte können durch Agarose- oder Polyacrylamid Gelelektrophorese (siehe Elektrophorese) aufgetrennt und nach Anfärben mit einem Fluoreszenzfarbstoff (in der Regel SYBR-Green oder Ethidiumbromid) identifiziert werden.

Probleme bei der Durchführung von PCR-Analysen

Bei der Durchführung von PCR-Analysen können Probleme auftreten, die durch entsprechende Maßnahmen vermieden werden

Margin notes:

Annealing

„forward primer"

„reverse primer"

DNA-Synthese

Extension

Thermocycler

Detektion
Elektrophorese

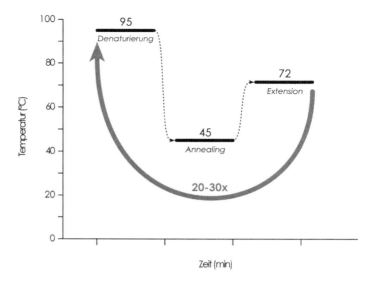

Abb. 97: Temperaturverlauf eines PCR-Zyklus. *Das Diagramm verdeutlicht den stufenartigen Temperaturverlauf und die zeitliche Abfolge der Temperaturveränderungen innerhalb eines PCR-Zyklus. Die Wiederholungen des Zyklus sind durch einen Pfeil (grau, 20–30x) angedeutet.*

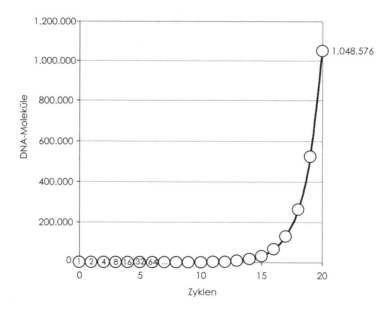

Abb. 98: Exponentielle Vermehrung von DNA-Molekülen durch die PCR. *In jedem Zyklus einer PCR wird die DNA verdoppelt (1 2 4 8 16 32 64 ...). Ausgehend von einem DNA-Molekül werden in 20 Zyklen mehr als eine Million identische Moleküle hergestellt.*

können. Besonders negativ wirken sich Kontaminationen von Reaktionslösungen mit DNA-Molekülen (z. B. PCR-Produkten, die bei der post-PCR-Analyse in hohen Konzentrationen vorliegen) aus, da sie zur Generierung von DNA-Produkten in Proben führen, in denen diese DNA-Moleküle ursprünglich nicht enthalten waren. Die Wahrscheinlichkeit für Kontaminationen lässt sich minimieren, indem alle Reaktionskomponenten möglichst fern von PCR-Arbeitsplätzen pipettiert, aliquotiert und gelagert werden. Die Arbeitsschritte vor und nach der PCR sollen an räumlich getrennten Orten und mit separaten Geräten (z. B. Pipetten) durchgeführt werden.

Kontaminationen

Bei der PCR können auch unerwünschte Nebenprodukte entstehen, die meistens auf ungeeignete Primersequenzen und -konzentrationen sowie falsche Reaktionsbedingungen während der PCR (Hybridisierungstemperatur, Mg^{2+}-Konzentration, Polymerisationszeit) oder auf Fehler beim Ansetzen des Reaktionsgemisches zurückzuführen sind. Um korrekte Resultate zu produzieren,

unerwünschte Nebenprodukte

* müssen sterile Lösungen und Aerosol-resistente Pipettenspitzen verwendet werden,
* ist in vielen Fällen eine Raumtrennung zwischen prä- und post-PCR-Analytik erforderlich,
* stellen Verschleppungen von PCR-Produkten wegen der hohen Sensitivität der PCR ein ziemliches Problem dar und machen extrem sorgfältiges Arbeiten unumgänglich.

Um die Gefahr von Kontaminationen durch Verschleppungen möglichst klein zu halten, wurden Real-Time-(Echtzeit)-PCR-Methoden entwickelt. Bei diesen Verfahren erfolgt die PCR-Amplifikation und die Detektion des gebildeten Produkts in einem geschlossenen System. Die Real-Time-Methoden erfordern keine Pipettierschritte zwischen den Prozessen, wodurch das Kontaminationsrisiko wesentlich herabgesetzt wird. Solche automatisierte hochempfindliche Methoden sind z. B. COBAS® AMPLICOR®, LightCycler System oder die TaqMan-Methode.

Real-Time-(Echtzeit)-PCR-Methoden

4.5.2 Quantitative PCR

Neben der Vervielfältigung von Sequenzabschnitten kann die PCR auch zur Quantifizierung der Menge der in der Probe initial vorhandener DNA-Abschnitte eingesetzt werden. Diese quantitativen Untersuchungen haben heute eine große Bedeutung bekommen z. B. für die Tumordiagnostik, wo es während der Tumorprogression zum Verlust von Tumorsuppressorgenen oder zur Vermehrung von (Proto-)Onkogenen kommen kann. Die quantitative DNA-Analytik ermöglicht auch die Bestimmung von Keimbelastungen oder Virustitern.

Quantifizierung vorhandener DNA-Abschnitte

Untersuchung von DNA

Die in einer Probe vorhandenen Mengen an Nukleinsäuren sind meistens so gering (von einem Molekül bis zu einigen Millionen Molekülen), dass ihre direkte Quantifizierung mit konventionellen Methoden nur mit unverhältnismäßig großem Aufwand oder auch gar nicht möglich wäre. Die PCR erlaubt es, mit relativ einfachen Mitteln die Menge der gesuchten Sequenzen zu amplifizieren, und sie dadurch einer quantitativen Analyse zugänglich zu machen. Dies ist deshalb möglich, da während der ersten Zyklen eine streng lineare mathematische Beziehung zwischen Ausgangsmenge und Produkt besteht. Diese Beziehung existiert jedoch nur in der frühen, so **exponentielle** genannten exponentiellen oder log-linearen Phase der Reaktion, **Phase** wenn limitierende Einflüsse noch vernachlässigbar sind. Später bewirken verschiedene Limitationen (Abnahme der Primer, des dNTP Gehalts, der Enzymaktivität ...) eine fortschreitende Abnahme der **Plateauphase** Amplifikationseffizienz, die in der späten Plateauphase der PCR schließlich auf einen Wert von eins abfällt (siehe Abb. 99).

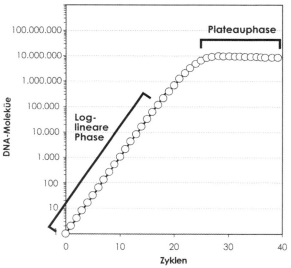

Abb. 99: Phasen der PCR-Amplifikation. Das exponentielle Ansteigen der DNA-Menge während der frühen Phase der PCR kann in einer Graphik mit logarithmischer Y-Achse als Gerade dargestellt werden (Log-lineare-Phase, der Zyklus führt zu einer Verdopplung der Moleküle). Die Abnahme der Amplifikationseffizienz gegen Ende der Reaktion resultiert in eine Abflachung der Kurve (Plateauphase).

kompetitive PCR Zur Quantifizierung wurden verschiedene Techniken entwickelt. Verbreiteten Einsatz fand ursprünglich die **kompetitive PCR**. Man versteht darunter eine Amplifikationstechnik, bei welcher dem Reaktionsansatz ein interner Standard zugesetzt wird, der ko-amplifiziert wird. Unter der Voraussetzung, dass der Kompetitor mit identischer Effizienz amplifiziert wird wie die zu quantifizierende Nukleinsäure, sind damit sehr präzise Quantifizierungen möglich. Kompetitor und Probe müssen möglichst ähnliche Sequenzen aufweisen, aber dennoch analytisch unterscheidbar sein. Ist diese Voraussetzung erfüllt, so bleibt das Verhältnis der Produkte von Probe und Kompetitor während der gesamten Reaktion, also auch in der Plateauphase, konstant. Anhand des Mengenverhältnisses der Produkte nach der PCR und der Kenntnis über die eingesetzte Menge Kompetitor lässt sich die Menge der gesuchten Nukleinsäure bestimmen. Mögliche Nichtlinearitäten der Methoden zur Produktquantifizierung können wirksam ausgeglichen werden, indem in einer Titrationsreihe diejenige initiale Menge Kompetitor bestimmt wird, bei welcher die Produktmengen von Probe und Kompetitor gleich sind (Äquivalenzpunkt). Nachteile der quantitativen kompetitiven PCR sind der relativ hohe Verbrauch an Probenmaterial, sowie die meist zeitaufwändige post-PCR-Analytik.

eine gleiche Menge von Probe und Kompetitor ist am Äquivalenzpunkt erreicht

Heute sind direktere Methoden zur Quantifizierung von Nukleinsäure-Molekülen verfügbar, die auf dem Prinzip der **Real-Time-PCR-Methode** basieren. Die Real-Time-PCR macht sich den Umstand zunutze, dass die Amplifikationseffizienzen in der exponentiellen Phase der PCR konstant sind. Es ist erforderlich, für jede Real-Time-PCR zu bestimmen, bis zu welchem Amplifikationszyklus die Produktzunahme noch exponentiell ist. Dies ist einfach und störungsfrei über die Messung von Fluoreszenzlicht in jedem Zyklus möglich, da die Intensität der Fluoreszenz proportional zur Produktmenge ist. In vielen Labors wird heute das LightCycler® System verwendet.

Real-Time-PCR

4.5.3 LightCycler® System

Die Kapillar-LightCycler®-Methode der Firma Roche soll in der Folge exemplarisch kurz beschrieben werden. Diese Real-Time-PCR-Methode verwendet Glaskapillaren als Reaktionsgefäße, die aufgrund ihrer großen Oberfläche einen sehr effizienten Temperaturwechsel ermöglichen. Die Technik ist daher schnell, 30 PCR-Zyklen können z. B. in etwa 20 Minuten abgearbeitet werden. Das System basiert auf einem Fluoreszenzformat, wobei entweder der Fluoreszenzfarbstoff SYBR-Green oder zwei spezifische fluoreszenzmarkierte komplementäre Hybridisiersonden (eine Sonde ist mit Fluorescein markiert, eine mit einem anderen Farbstoff) zur PCR zugesetzt werden. SYBR-Green baut sich während der PCR in die neu synthetisierte DNA ein. Die Fluoreszenz kann während der PCR quantitativ bestimmt werden, wobei die Intensität des Fluoreszenzsignals der Menge an neu

Fluoreszenz Quantifizierung

gebildetem Produkt entspricht. Die Verwendung der Hybridisiersonden basiert auf dem Prinzip der Doppelstrangbildung durch Hybridisierung. Die beiden komplementären Sonden lagern sich an ih-
re Erkennungssequenzen an und kommen dadurch in räumliche
Nähe zueinander. Ein Teil der Fluoreszenzenergie des Fluorescein
wird auf den zweiten Fluoreszenzfarbstoff (Akzeptor) übertragen
Fluoreszenz-   und regt diesen an. Diese Technologie wird als Fluoreszenz-**Reso-**
Resonanz-Energie-   **nanz-Energie-Transfer (FRET)** bezeichnet und hat sich mittlerwei-
Transfer (FRET)   le in verschiedenen Bereichen der Biomedizin etabliert.
Die abgegebene Fluoreszenz wird gemessen und entspricht direkt
der Menge der gebildeten spezifischen Zielsequenz (siehe Abb. 100).

4.6 DNA-Sequenzierung

Allgemeines

Identifikation der   Es gibt heute mehrere Verfahren zur Identifikation der Sequenz-
Sequenz-   information eines DNA-Moleküls. Bei den meisten Methoden han-
information   delt es sich um Weiterentwicklungen der Sequenzierung nach Frede-
rick Sanger.
Maxam Gilbert   Das Verfahren von Maxam und Gilbert ist in erster Linie historisch
Verfahren   interessant und kommt heute nicht mehr zum Einsatz, da es gefähr-
liche Reagenzien benötigt. Es beruht auf der basenspezifischen che-
mischen Spaltung der DNA durch geeignete Reagenzien und der an-
schließenden Auftrennung der Fragmente durch Gelelektrophorese.
Mittels Sequenzierung können punktuelle genetische Mutationen
zuverlässig detektiert werden, auch dann, wenn sie nur auf einem
der beiden Chromosomen oder nur in einem Teil des Untersuchungsmaterials vorliegen.

Sequenzierung nach Sanger

Didesoxymethode   Die Didesoxymethode nach Sanger wird auch Kettenabbruch-Syn-
Kettenabbruch-   these genannt und stellt eine enzymatische Methode dar. Sanger er-
Synthese   hielt gemeinsam mit Gilbert 1980 für die Arbeiten zur DNA-Sequenzierung den Nobelpreis für Chemie. Bei der Methode nach
Sanger wird ausgehend von einem kurzen Abschnitt einer bekannten Sequenz (Primer) durch das Enzym DNA-Polymerase einer der
beiden komplementären DNA-Stränge verlängert. Zu beachten ist,
dass in jeder einzelnen Sequenzierreaktion auf Grund technischer
Beschränkungen nur kurze DNA-Abschnitte von unter 1.000 Basenpaaren abgelesen werden können. Längere DNA-Abschnitte,
z. B. die Sequenz eines ganzen Chromosoms, müssen konsekutiv ab-

LightCycler Sonden (FRET)

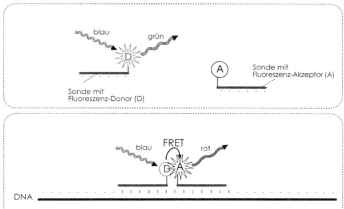

SYBR-Green (SG) Methode

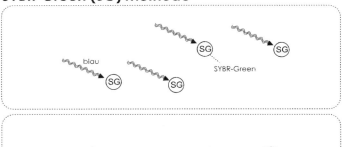

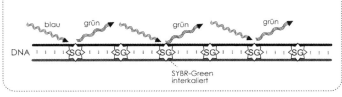

Abb. 100: Real-Time-PCR. Prinzip der Quantifizierung mittels Hybridisierungssonden (LightCycler-Prinzip) bzw. mit SYBR-Green. Oben: Die so genannten Hybridisierungssonden bestehen aus zwei Oligonukleotidprimern an die zwei unterschiedliche Fluoreszenzfarbstoffe angehängt sind. An der Donorsonde (D) ist ein Farbstoff assoziiert, der z. B. durch blaues Licht angeregt wird und grün leuchtet. Der andere Farbstoff am Akzeptoroligonukleotid (A) kann durch blaues Licht gar nicht angeregt werden. Die zwei Primer sind so ausgewählt, dass sie direkt nebeneinander an ein amplifiziertes DNA-Stück binden (wird ständig während der PCR-Reaktion gebildet). Der Donorfarbstoff (D) befindet sich damit sehr nahe am Akzeptorfarbstoff und es kommt zur Enegieübertragung (Fluoreszenz-Resonanz-Energie-Transfer, FRET) vom Donor- zum Akzeptormolekül. Dadurch wird das Akzeptormolekül zum Ausstrahlen von z. B. rotem Licht angeregt, das dann detektiert wird. Je mehr DNA vorhanden ist, umso mehr Donor- und Akzeptormoleküle binden nebeneinander an die DNA und umso mehr rotes Licht wird ausgestrahlt. Unten: Verwendung von SYBR-Green. Der in Lösung vorliegende Farbstoff SYBR-Green fluoresziert nicht, wenn er mit Licht angestrahlt wird. Erst wenn SYBR-Green an DNA bindet und nach Anregung mit UV-Licht strahlt er grünes Licht aus. Die Leuchtstärke des grünen Fluoreszenzlichtes ist proportional zur Menge an DNA.

gearbeitet und die Sequenzen der Einzelanalysen danach zusammengesetzt werden. Vor dem Sequenzieren muss man die zu untersuchende Sequenz in Fragmente mit einer Länge von etwa 800 bp „zerteilen", z. B. mit Hilfe einer PCR-Amplifikation, dann wird jedes Fragment individuell sequenziert, schlussendlich werden die Ergebnisse der einzelnen Anschnitte zusammengesetzt.

Prinzip der Methode

Zunächst wird die DNA durch Erwärmung denaturiert, wonach Einzelstränge für die weitere Analyse zur Verfügung stehen. Es werden vier Ansätze vorbereitet, die die Polymerase und die vier Nukleotide enthalten (siehe Abb. 102). Pro Ansatz wird je eine der vier Basen zum Teil als Didesoxynukleotid (ddNTP) zugegeben. Diese Nukleotide besitzen keine 3'-Hydroxygruppe (3'-OH, siehe Abb. 101, Pfeil). Wenn sie in den neusynthetisierten Strang eingebaut werden, ist eine DNA-Verlängerung durch die DNA-Polymerase nicht mehr möglich, da die OH-Gruppe zur Verknüpfung mit der Phosphatgruppe des nächsten Nukleotids fehlt. Es kommt zum Abbruch der Polymerisation an dieser Stelle.

Da der Einbau der Didesoxynukleotide nach dem Zufallsprinzip erfolgt, entstehen Fragmente unterschiedlicher Länge. Alle Fragmente eines Ansatzes enden stets mit dem gleichen Didesoxynukleotid,

ddNTP

Kettenabbruch

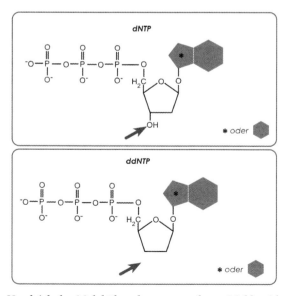

Abb. 101: Vergleich der Molekülstrukturen von deoxy-Nukleosidtriphosphat (dNTP, oben) mit dideoxy-NTPs (ddNTP, unten). Die Position des fehlenden 3'-OH am ddNTPs ist mit einem Pfeil markiert.

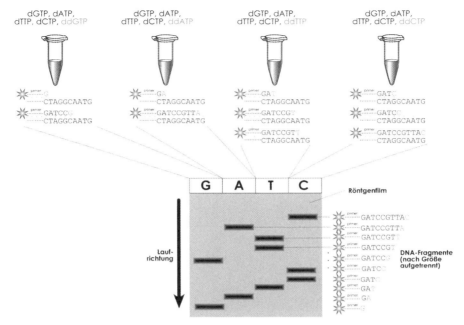

*Abb. 102: **Schema einer Sequenzierung.** Oben: In vier verschiedene Reaktionsgefäße werden jeweils die zu sequenzierende DNA, DNA-Polymerase, Desoxynukleotide (dNTPs) und ein spezifischer, z.B. radioaktiv markierter Primer pipettiert. Jedes dieser Reaktionsgefäße wird auch noch mit einem von vier verschiedenen Dideoxynukleotiden (ddGTP oder ddATP, oder ddTTP oder ddCTP) versetzt. Dann wird die Polymerasereaktion ausgehend vom Primer gestartet und es kommt zur DNA-Synthese anhand des DNA-Templates (= die zu sequenzierende DNA) bis zufällig ein ddNTP eingebaut wird, dann bricht die Reaktion ab. Im ersten Gefäß kann die Reaktion nur nach G abgebrochen werden, da ddGTP zugesetzt wurde. Im zweiten Gefäß gibt es nur einen Abbruch bei A, weil ddATP vorhanden ist usw. Unten: Das Reaktionsgemisch der vier verschiedenen Reaktionsgefäße wird auf vier Positionen (G, A, T, C) eines Polyacrylamidgels aufgetragen und elektrophoretisch aufgetrennt. Die Fragmente wandern entsprechend ihrer Größe unterschiedlich weit. Das fertige Gel wird getrocknet und einer Autoradiographie zugeführt. Die radioaktive Strahlung der Banden schwärzt einen Röntgenfilm und es entsteht ein ganz spezielles Muster, anhand dessen man die Sequenz ablesen kann. Man startet mit der untersten Bande (= das kleinste DNA-Fragment) und liest ab, in welcher Reihe es sich befindet (hier in der Reihe G) – damit startet die Sequenz mit G. Die nächste Base in der Sequenz wird durch das nächste Fragment angezeigt – hier A – usw. So kann man leicht die gesuchte Sequenz des fraglichen DNA-Stückes ablesen.*

entweder ddATP, ddCTP, ddGTP oder ddTTP. Die Fragmente werden in einem hochauflösenden Polyacrylamid-Elektrophorese-Gel nach ihrer Länge aufgetrennt, wobei die kleinsten Fragmente am weitesten wandern (siehe Abb. 102).

Seit Anfang der neunziger Jahre werden vor allem mit Fluoreszenzfarbstoffen markierte ddNTPs verwendet. Seit Verfügbarkeit von Vierfarben-Fluoreszenzfarbstoffen können alle vier Nukleotide unterschiedlich markiert werden und gleichzeitig zu einem Sequenzieransatz zugegeben werden.Dies hat das Sequenzieren vereinfacht und beschleunigt.

In den meisten Labors wird heute mit Hilfe der PCR-Amplifikation (Cycle-Sequencing) sequenziert.

4.6.1 Cycle-Sequencing

Prinzip

PCR-Amplifikation

Cycle-Sequencing
Prozess

Die zu sequenzierenden DNA-Moleküle werden mittels PCR-Amplifikation vermehrt. Das amplifizierte Produkt wird nach einer geeigneten Reinigung in einer speziellen PCR amplifiziert. Im Cycle-Sequencing Prozess wird die DNA mit Desoxy- und Didesoxy-Nukleotiden und einer DNA-Polymerase gemischt und einer PCR-Reaktion unterzogen. Während die Polymerase mit Desoxy-Nukleotiden einen zur Vorlage komplementären DNA-Strang synthetisieren kann, kann sie zwar ein Didesoxy-Nukleotid an ein desoxy-Nukleotid anlagern, aber an das Didesoxy-Nukleotid kein weiteres Desoxy-Nukleotid mehr anhängen (siehe Abb. 103 und Abb. VIII im Farbtafelteil). Der Einbau von Didesoxy-Nukleotiden erfolgt nach dem Zufallsprinzip und betrifft im Laufe eines Sequenzierverfahrens jeden möglichen Abbruchpunkt. So wird das gesamte Spektrum an Fragmenten mit einer Base Längenunterschied generiert. Wenn man die einzelnen Didesoxy-Nukleotide (ddATP, ddCTP, ddGTP, ddTTP) mit vier verschiedenen Fluoreszenzfarbstoffen markiert, kann man alle Fragmente sichtbar machen. Die Fragmente werden mittels Elektrophorese nach ihrer Größe getrennt. Heute werden statt Gel-Elektrophoresen meistens Kapillar-Elektrophoresen eingesetzt.

Vierfarben-
Fluoreszenz-Se-
quenziermethode

Die Vierfarben-Fluoreszenz-Sequenziermethode hat die Aufklärung der Sequenzabfolgen in den Genomen verschiedener Spezies ermöglicht, allen voran des humanen Genoms, aber auch der Genome von Bakterien, Pflanzen und Tieren. Die Sequenzdaten stellen eine ausgezeichnete Basis für weiterführende Untersuchungen, z.B. im diagnostischen Labor, dar.

Auswertung der Sequenzierungsdaten

DNA-Sequenz-
analyse

Um aus den rohen Sequenzdaten biologisch relevante Informationen zu gewinnen, muss sich an die Sequenzierung eine DNA-Sequenzanalyse anschließen. Im Rahmen der Sequenzanalyse wird die bei der Sequenzierung erhaltene Information über die Abfolge und Position der Basenpaare automatisiert und computergestützt ausgewertet. Für diagnostische Analysen wird dabei die Sequenz einer Patientenprobe mit der Basenabfolge gesunder Kontrollpersonen bzw. einer in einer Gendatenbank erfassten Sequenz verglichen.

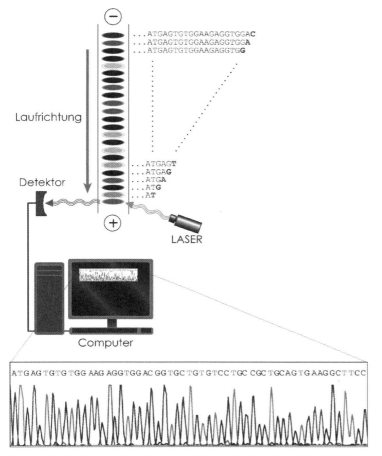

Abb. 103: Cycle-Sequencing-Methode. Schematischer Ablauf des Verfahrens.
1. Sequenzreaktion mit vier fluoreszenzmarkierten ddNTPs (jedes mit anderer Fluoreszenzfarbe) in einem Reaktionsgefäß. Auftrennung mittels Elektrophorese.
2. Detektion und grafische Darstellung der Fluoreszenzsignale. Die Umwandlung der Signale in Peaks und die Zuordnung der Signale zu den Basen erfolgt mit Hilfe einer geeigneten Software.

Für diagnostische Sequenzanalysen sollten immer beide DNA-Stränge sequenziert werden, um das Ergebnis des forward Strangs durch den reversen Strang zu bestätigen. Bei der Beurteilung der pathologischen Relevanz einer gefundenen Mutation werden publizierte Ergebnisse mit einbezogen.

Bisher ist die Vierfarben-Fluoreszenz-Sequenziermethode die am häufigsten eingesetzte Technik. Es ist jedoch zu erwarten, dass schon bald neue Methoden auf breiter Basis Anwendung finden werden. Diese neuen Sequenzierverfahren werden im nächsten Abschnitt beschrieben.

4.6.2 Sequenzierung durch Hybridisierung am Mikrochip

Microarray, Chip
Mikrochip

Bei dieser Methode werden auf einem Träger (Microarray, Chip) kurze Oligonukleotide, auf einer Matrix (Mikrochip) fixiert (siehe Abb. 104). Die Oligonukleotide sind so gewählt, dass sie mit kurzen Überlappungen der Basenabfolge der Sequenzmatrix eines Gens entsprechen. Danach werden Fragmente der zu sequenzierenden DNA mit Fluoreszenzfarbstoffen markiert und auf die Oligonukleotidmatrix so aufgebracht, dass fixierte und die dazu komplementären freien DNA-Abschnitte miteinander hybridisieren können. Nach dem Auswaschen ungebundener Fragmente wird das Hybridisierungsmuster abgelesen. Da die Sequenzen der Oligonukleotide bekannt sind, kann man aus dem Farbmuster auf die zugrunde liegende Sequenz einer Probe rückschließen (siehe Abb. 104). Die Sequenz der Probe ist komplementär zur Vorlage. Die Basen entsprechen den fluoreszierenden Signalen.

Diese Technologie konnte in den letzten Jahren sehr verbessert werden und könnte z. B. für die Identifikation von Punktmutationen in Patientenproben interessant werden. Der Vorteil der Methodik liegt darin, dass die Microarrays kommerziell und qualitätskontrolliert hergestellt werden können. Der Hybridisier- und der Waschvorgang kann standardisiert in geschlossenen Systemen durchgeführt werden, und die Auswertung kann mit einer maßgeschneiderten Software erfolgen.

Moderne Sequenzierverfahren

Pyrosequenzierung

schnelles und
preisgünstiges
Sequenzieren

Mit Hilfe der Pyrosequenzierung, einem Hochdurchsatzverfahren, lässt sich DNA schneller und billiger sequenzieren als mit der Methode nach Sanger. Prinzipiell dient in Analogie zur Sanger-Sequenzierung die zu sequenzierende DNA, die einzelsträngig vorliegen muss, als Matrize. Eine DNA-Polymerase verlängert, ausgehend von einem Primer, den komplementären DNA-Strang Nukleotid um Nukleotid. Diese DNA-Polymerase wird gewissermaßen „in Aktion" beobachtet, wie sie nacheinander einzelne Nukleotide an einen neusynthetisierten DNA-Strang anhängt. Diese direkte Beobachtung beruht auf folgendem Prinzip: Baut die DNA-Polymerase ein komplementäres Nukleotid erfolgreich in den komplementären Strang ein, wird Pyrophosphat (PPi) freigesetzt. Das Enzym ATP-Sulfurylase wandelt dieses zu Adenosintriphosphat (ATP) um. ATP wiederum treibt eine Luziferase-Reaktion an, in der Luziferin in Oxyluziferin verwandelt wird. Dies resultiert in einem detektierbaren

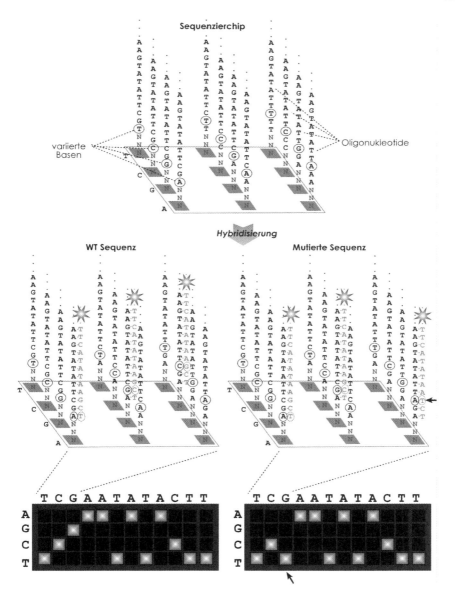

Abb. 104: DNA-Chip zur Sequenzierung. *Schematische Darstellung der Sequenzierung eines bestimmten DNA-Abschnittes. Überprüfung der Basenabfolge innerhalb eines bekannten DNA-Stückes (hier TCGAATA-TACTT). An der Matrix sind Oligonukleotide räumlich getrennt verankert, die sich immer nur in einem Nukleotid unterscheiden (oben). Jede Nukleotid-Position ist durch alle vier möglichen Nukleotidvarianten repräsentiert. Die Hybridisierungsbedingungen mit den markierten DNA-Proben werden so gewählt, dass nur 100 % übereinstimmende Sonden an die Oligonukleotide binden (Mitte). Dadurch kann man am Sequenz-chip ablesen, dass im Falle der WT-Sequenz die erste Position ein T, die zweite Position ein C, die dritte Position ein G, usw. ist (unten links). Liegt eine mutierte Sequenz vor, so bindet die Sonde an ein variiertes Oligo-nukleotid (z. B. an Position 3 an das Oligonukleotid mit einem A, was in der Sequenz einem T entspricht (unten rechts). Eine automatisierte Auswertung ermöglicht rasche Sequenzierergebnisse.*

Lichtsignal, dessen Stärke proportional zum verbrauchten ATP ist. Das Lichtsignal wird von einem Detektor erkannt und aufgezeichnet. Die vier Nukleotide werden abwechselnd und nacheinander zum Sequenzier-Ansatz hinzugegeben. Bei Zugabe des passenden und eingebauten (komplementären) Nukleotids erhält man ein Signal; wurde ein nicht passendes NTP zugegeben, bleibt der Lichtblitz aus. Das nicht eingebaute NTP wird zerstört, danach wird die nächste NTP-Art zugesetzt. Der Vorgang wird fortgesetzt bis zur nächsten positiven Reaktion. Alle positiven Signale werden registriert und ergeben die Sequenzinformation. Die Pyrosequenzierung ist gut automatisierbar und eignet sich ausgezeichnet zur Analyse von DNA-Proben. Auch für die Untersuchung von Einzel-Nukleotid-Unterschieden (SNPs) wird die Pyrosequenzierung aufgrund ihrer Lesegenauigkeit häufig eingesetzt. Die Pyrosequenzierung erlaubt weiters die hochauflösende, quantitative Analyse Bisulfit-behandelter DNA zur Bestimmung von DNA-Methylierungsmustern und zur präzisen Quantifizierung des globalen Methylierungsgrades einer DNA-Probe.

gute Automatisier-barkeit und hohe Lesegenauigkeit

Genomweite Sequenzierung – „Deep Sequencing"

zukunftsweisende Technologie

ultraschnelles Hochdurchsatz-verfahren

Die Sequenzierung mittels der 454-Technologie erlaubt den hochempfindlichen Nachweis seltener Mutationen bis hinunter zu einem Prozentsatz von 1 % der Allelpopulation. Sie ist einsetzbar für viele komplexe Erkrankungen. Das 454-Sequenziersystem ermöglicht die ultraschnelle Hochdurchsatz-DNA-Sequenzierung. Spezifische Anwendungsfelder der Technik sind zum Beispiel die De-novo-Sequenzierung und Resequenzierung von Genomen, Metagenomik, RNA-Analyse und die gezielte Sequenzierung bestimmter DNA-Bereiche. Das 454-Sequenziersystem zeichnet sich durch eine einfache, unvoreingenommene Probenvorbereitung und relativ lange, präzise Leseweiten, auch bei Paired-End-Sequenzierung, aus.

4.7 Analyse genetischer Varianten – Genotypisierung

Identifizierung von Gen-variationen Mutationen

Als Genotypisierung bezeichnet man die Identifizierung der Sequenz definierter, kurzer Abschnitte der Erbinformation, die interindividuelle Variationen aufweisen können. Die unterschiedlichen Varianten entstehen durch Mutationsereignisse. Wenn sich Mutationen in der Keimbahn etablieren und kein stark negativer Selektionsdruck auf den entsprechenden Phänotyp besteht, dann können sich die Sequenzvarianten im Genpool der Population anreichern.

Man findet dann mehrere genetische Varianten in einer bestimmten Population. Wenn diese bei mehr als 1% einer Population gefunden werden, werden sie auch als Polymorphismen bezeichnet.

Polymorphismen

Die Varianten dieser vererbten, variablen Sequenzabschnitte werden auch als Allele bezeichnet, weshalb statt Genotypisierung manchmal auch der Begriff Allelotypisierung verwendet wird.

Allelotypisierung

Das DNA-analytische Verfahren der Genotypisierung erlaubt die Identifizierung von Arten, Populationen, Individuen, Genen bzw. Allelen, sowie von Änderungen der genetischen Information. Die Anwendungsgebiete in der Genotypisierung sind entsprechend breit gefächert und umfassen die Diagnose von erblich bedingten Krankheiten, erblichen Prädispositionen, forensische Analysen, Elternschaftsnachweise, Abstammungsanalysen, die Identifizierung von Mikroorganismen, insbesondere von Krankheitserregern, bis hin zur Aufklärung evolutionärer Zusammenhänge.

Anwendungsgebiete

4.7.1 Single Nucleotide Polymorphism (SNP)

Die Bezeichnung „Single Nucleotide Polymorphism" (SNP) stammt aus dem Englischen und heißt übersetzt „einzelner Nukleotid Polymorphismus". Mit dem Namen SNP bezeichnet man Variationen von einzelnen Basenpaaren in einem DNA-Strang, die mit einer Häufigkeit von mindestens 1% in einer bestimmten Population vorkommen. Zwei Drittel aller SNPs betreffen den Austausch von Cytosin durch Thymin. SNPs finden sich in allen Regionen des Genoms, sie sind dort jedoch nicht gleichmäßig verteilt, sondern treten in manchen Regionen gehäuft und in manchen selten auf.

einzelner Nukleotid Polymorphismus

Die wissenschaftliche Bedeutung von SNPs liegt im häufigen Vorkommen und ihrer großen Vielfalt. Sie lassen sich einfach bestimmen und haben in letzter Zeit durch ihre Assoziation mit dem Auftreten von Erkrankungen große Aufmerksamkeit erhalten. SNPs werden oft als „erfolgreiche" genetische Variationen bezeichnet, d. h. als genetische Veränderungen, die sich zu einem gewissen Grad im Genpool einer Population durchgesetzt haben. Polymorphismen können aber auch auf Insertionen oder Deletionen von Sequenzabschnitten oder einzelnen Basenpaaren zurückzuführen sein. Diese können in der Regel sehr einfach nachgewiesen werden, indem der polymorphe Sequenzbereich mittels PCR amplifiziert wird und anschließend die Fragmentlängen der PCR-Produkte analysiert werden. Diese Polymorphismen bezeichnet man als *Längenpolymorphismen.* Eine analytisch wichtige Gruppe von Längenpolymorphismen bilden die *short tandem repeats* (STRs) mit tandemartig

Längenpolymorphismen short tandem repeats (STRs)

wiederholten Sequenzabschnitten einer Grundlänge von ein bis fünf Basenpaaren. Die repetitive Anordnung der Grundeinheiten begünstigt Mutationsereignisse, die zu einer Änderung der Anzahl von Wiederholungen führen. Der genetische Fingerabdruck zur Identifizierung von Individuen beruht heute hauptsächlich auf der Analyse von *short tandem repeats.*

4.7.2 Nachweis von Single Nucleotide Polymorphismen

Die Analyse von Einzelnukleotid-Polymorphismen (*Single Nucleotide Polymorphisms*, SNPs) hat aktuell sehr an Bedeutung gewonnen, da ihre genomische Dichte von keiner anderen Klasse genetischer Marker erreicht wird. Die meisten SNPs liegen in nicht-kodierenden Sequenzen und sind recht häufig phänotypisch neutral. Dennoch sind sehr viele SNPs mit komplexen Erkrankungen assoziiert oder modulieren Veranlagungen für Krankheitsanfälligkeiten oder die Verträglichkeit bestimmter Medikamente. Die Zahl bekannter humaner SNPs nimmt immer noch zu. Die Internationale „*SNP Map Working Group*" hatte im Jahre 2001 bereits 1,4 Millionen SNPs im humanen Genom kartiert. Schätzungen gehen davon aus, dass sich die Genome zweier Individuen im Mittel in ca. 3,2 Millionen Positionen unterscheiden (~ 0,5 ‰ der Erbinformation).

Seit den ersten Entwicklungen zur nukleinsäurebasierten Genotypisierung in den 1970er Jahren mit der Entdeckung der Restriktionsfragmentlängen-Polymorphismen (RFLPs) gewann die Genotypisierung durch die Entwicklung der PCR rasant an Bedeutung. Ihre Anwendung intensivierte sich anschließend noch durch die Einbindung in Hochdurchsatz-Verfahren, wie sie insbesondere im Humanen Genomprojekt eingesetzt wurden. Heute sind weit mehr als 100 Verfahren zur Genotypisierung beschrieben, wobei sich die den Methoden zugrundeliegenden Prinzipien zur Detektion bzw. Identifizierung von Sequenzvariationen in wenige Gruppen einteilen lassen.

Sequenzierung. Primär wird die Identifizierung einer polymorphen Sequenz durch Techniken erreicht, die einen Sequenzierungsschritt umfassen (*sequencing, minisequencing, template-directed dye-terminator incorporation*).

Heteroduplex-Analysen. Sie machen sich den Umstand zunutze, dass doppelsträngige (ds) DNA-Fragmente mit Basenfehlpaarungen eine veränderte Mobilität in elektrophoretischen oder chromatographischen Trennverfahren aufweisen. Die Sensitivität der Trennungen kann durch besondere Gradiententechniken wie die denaturierende Gradienten-Gelelektrophorese (DGGE), die Temperaturgradienten-Gelelektrophorese (TGGE) oder die temperatur-

Margin notes:

SNPs Assoziation mit komplexen Erkrankungen

„SNP Map Working Group"

Sequenzierung

Heteroduplex-Analysen

modulierte Hochleistungs-Flüssigkeitschromatographie (TmHPLC) verbessert werden.

Enzymatische Methoden. Andere Verfahren nutzen die enzymatische Erkennung von Basenfehlpaarungen in Heteroduplices zum Nachweis von Sequenzvarianten. Die Erkennung erfolgt dabei z. B. durch die T4 Endonuklease VII, die T7 Endonuklease I78 oder DNA-Reparatur-Enzyme wie z. B. MutS. Liegt die polymorphe Position in der Erkennungssequenz einer beliebigen Restriktionsendonuklease, so können Sequenzvarianten durch Spaltung mittels solcher sequenzspezifischer Nukleasen nachgewiesen werden (siehe auch Kapitel 4.3.3). Ligationsbasierte Methoden wie das *oligonucleotide ligation assay* (OLA), die Ligase-Kettenreaktion *(ligase chain reaction,* LCR) oder die *dye-labeled oligonucleotide ligation* (DOL) beruhen auf dem hohen Diskriminierungspotential von Ligasen, die eine Bruchstelle eines Stranges in der dsDNA *("nick")* praktisch nicht ligieren, wenn an der Ligationsstelle eine Basenfehlpaarung vorliegt.

Hybridisierungsmethoden. Eine weitere Gruppe von Verfahren zur Genotypisierung basiert auf der Ermöglichung oder der Unterbindung von Amplifikationen durch die Hybridisierung von Oligonukleotiden unter stringenten Bedingungen (zur Technik der Hybridisierung siehe Kapitel 4.4). So werden bei der PCR-SSP, einer PCR mit Sequenz-spezifischen Primern, die auch als ASA *(allele specific amplification)* oder ARMS *(amplification refractory mutation system)* bezeichnet wird, selektive Primer verwendet, die an der polymorphen Stelle mit der Template-DNA hybridisieren. Die Hybridisierungsbedingungen werden dann entweder so stringent gewählt, dass der Primer nur mit der vollständig komplementären Sequenz hybridisiert, oder die Primersequenz wird so gewählt, dass das 3'-Ende des Primers auf der polymorphen Sequenzposition zu liegen kommt. In beiden Fällen erfolgt eine Amplifikation idealerweise nur dann, wenn die Primerbindungsstelle im Template vollständig komplementär zur Primersequenz ist.

Real-Time-PCR-Methoden. Die Entwicklung von Real-Time-PCR-Methoden eröffnete in den letzten Jahren neue Möglichkeiten zur Genotypisierung, die insbesondere den Nachweis von SNPs vereinfachen. Hierbei wird entweder die Generierung des amplifikationsbedingten Fluoreszenzsignals von der polymorphen Sequenz beeinflusst ("PCR-gekoppelte Analyse"), oder es wird im Anschluss an die PCR eine Schmelzkurve der PCR-Produkte aufgezeichnet, anhand derer sich die Polymorphismen identifizieren lassen ("Schmelzkurven-Analyse"). So lassen sich für eine PCR-gekoppelte Analyse z. B. TaqMan-Sonden konstruieren, die bevorzugt oder – unter entspre-

enzymatische
Methoden
Nachweis von
Sequenzvarianten

Hybridisierungs-
methoden

Real-Time-PCR-
Methoden

PCR-gekoppelte
Analyse
Schmelzkurven-
Analyse

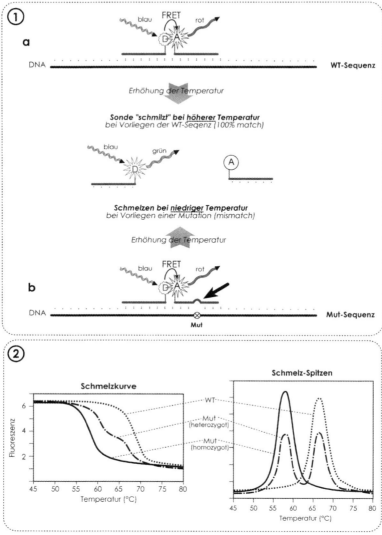

Abb. 105: Schmelzkurven-Analyse mittels Hybridisiersonden. *Nach erfolgter Vermehrung der DNA wird eine Schmelzkurven-Analyse durchgeführt. **1a** Prinzip: Hybridisiersonden (vgl. Real-Time-PCR), die sich an ihre Zielsequenz angelagert haben, strahlen durch FRET rotes Fluoreszenzlicht aus, das in einem Detektor gemessen wird. Erhöht man die Temperatur in der Probe kontinuierlich und misst gleichzeitig weiter das rote Fluoreszenzlicht „schmelzen" bei einer bestimmten Temperatur die Sonden von der DNA ab. Es kann kein FRET mehr stattfinden und das rote Licht verschwindet. **1b** Liegt in der DNA eine Sequenzvariation vor, ist die Bindung der Sonde an die Proben-DNA schwächer und es kommt zum „Schmelzen" der hybridisierten Sonde bei niederer Temperatur. **2** Das Diagramm links zeigt die unterschiedlichen Schmelzkurven einer WT, homozygot mutierten und heterozygot mutierten DNA. Ein WT-DNA-Sonden-Hybrid schmilzt bei hoher Temperatur (hier zwischen 65 und 70 °C), während ein Mut-DNA-Sonden-Hybrid schon bei 55–60 °C auseinanderfällt. Liegt eine heterozygote Mutation vor entsteht eine Mischform der Schmelzkurve mit einem Plateau. Das Schema rechts zeigt eine andere Form der Darstellung einer Schmelzkurve als Schmelz-Spitzen-Diagramm.*

chend stringenten Reaktionsbedingungen ausschließlich mit der perfekt komplementären Sequenz hybridisieren, sodass damit eine Signalgenerierung unterbunden wird, wenn innerhalb dieses Abschnittes auf der Template-DNA Sequenzvariationen vorliegen. Bei der Schmelzkurven-Analyse hingegen wird die durch Basenfehlpaarungen bedingte Veränderung der Schmelztemperatur von dsDNA-Fragmenten gemessen. Im einfachsten Falle kann dazu ein dsDNA-sensitiver Farbstoff wie SYBR-GreenI verwendet werden oder die von der LightCycler-Methode bereits bekannten Hybridisiersonden mit FRET (siehe Abb. 105). Der Vorteil von Schmelzkurven-Analysen gegenüber den PCR-gekoppelten Analysen liegt in ihrem Potential, mehrere im Reaktionsansatz vorliegende Sequenzvariationen simultan nachweisen zu können.

5 Untersuchung von RNA

5.1 Allgemeines

Boten- oder messenger-RNA (mRNA), ribosomale RNA (rRNA), Transfer-RNA (tRNA), mikroRNA (miRNA)

RNA-Moleküle können in vier Klassen eingeteilt werden: Boten- oder messenger-RNA (mRNA), ribosomale RNA (rRNA), Transfer-RNA (tRNA) und mikroRNA (miRNA). mRNAs sind die Produkte der transkribierten Gene und enthalten die Information, die die Aminosäuresequenz eines Proteins festlegt. mRNAs sind durch einen langen poly-A-Schwanz charakterisiert, der sich am 3'-Ende des Moleküls befindet, für die Stabilisierung der mRNA verantwortlich sein dürfte, und der zur spezifischen Isolierung von mRNAs ausgenützt werden kann.

5.2 Gewinnung der RNA

Ribonukleasen (RNAsen)

Im Gegensatz zur DNA-Isolierung ist die Gewinnung von RNA diffiziler und durch das Risiko der Degradierung der RNA durch Ribonukleasen (RNAsen) kompliziert. RNAsen gehören zu den widerstandsfähigsten Enzymen und sind sogar gegen Kochen resistent. Sie sind überall zu finden und man kann davon ausgehen, dass weder übliches Verbrauchsmaterial, noch Reagenzien RNAse-frei sind. Um die Degradierung der RNA während der Isolierung zu verhindern, ist es erforderlich, RNAsen durch Inhibitoren zu hemmen. Außerdem ist es nötig, bei allen Arbeitsschritten mit RNA Handschuhe zu tragen und spezielle RNAse-freie Reagenzien zu verwenden. Das Verbrauchsmaterial sollte immer Einwegmaterial sein (d. h. Material zur einmaligen Verwendung) und sollte in sterilisierten Behältern aufbewahrt werden.

RNA-Isolierungsverfahren

Grundsätzlich umfassen RNA-Isolierungsverfahren folgende Schritte:
- einen Lyseschritt mittels Detergenzien in Gegenwart von RNAse-Inhibitoren,
- einen Extraktionsschritt mit Phenol-Chloroform und einen Präzipitationsschritt mit Isopropanol

oder

- einem Adsorptionsschritt an einen festen Träger (z. B. ein Magnetteilchen),

Isolierung messenger-RNA (mRNA)

- gefolgt von einem Elutionsschritt.

Will man messenger-RNA (mRNA) isolieren, kann man sich deren poly-A-Schwanz zunutze machen. Über den poly-A-Schwanz können sich mRNA-Moleküle selektiv an einzelsträngige Nukleotidsequenzen, die aus vielen T-Nukleotiden (oligo-dT) aufgebaut sind, anlagern.Wird eine wässrige RNA-Lösung, z. B. mit oligo-dT-Zellulose unter geeigneten Pufferbedingungen inkubiert, bilden sich zwischen den TTTTTT…s und AAAAAA…s Wasserstoffbrücken aus. Nach der Ausbildung der Wasserstoffbrücken können alle nicht gebundenen Moleküle durch Waschen entfernt werden. Anschließend werden mRNAs mit Wasser oder Puffer niedriger Ionenstärke, welche die Wasserstoffbrücken aufbrechen, von der Zellulose extrahiert. Analog zur DNA kann das Vorhandensein und die Quantität einer bestimmten mRNA in einem Gemisch mit Hybridisiermethoden getestet werden. Häufig verwendet man heute aber PCR-Techniken. Die Analyse von mRNA in einem PCR-Test macht die Umschreibung in DNA, d. h. eine zur Basenabfolge der mRNA komplementäre DNA (complementaryDNA, cDNA), erforderlich. Die Umwandlung der mRNA in cDNA erfolgt mit Hilfe von Enzymen, den so genannten Reversen Transkriptasen, die aus Retroviren (das sind RNA-Viren, z. B. das HIV-Virus) gewonnen werden können.

oligo-dT

PCR-Analyse von mRNA erfordert cDNA-Synthese

5.3 Analyse von RNA

5.3.1 Northern Blot

Der Name *Northern Blot* geht zurück auf die Southern Blot-Methode (von Herrn Southern erfunden, siehe vorne), in der DNA anstatt RNA geblottet, d. h. von einem Gel auf eine Nitrozellulose- oder Nylonmembran übertragen wird. Der Name ist eigentlich nur ein Molekularbiologen-Scherz, da die Himmelsrichtungen nichts mit dem Verfahren zu tun haben. Die Northern Blot-Methode wurde von J. C. Alwine et al. 1979 eingeführt, und von P. S. Thomas auf Nitrozellulose umgestellt. Der Northern Blot ist eine molekularbiologische Methode zur Übertragung von RNA, die in einer Gelelektrophorese aufgetrennt wurde, auf eine Membran. Auf dieser Membran ist die Markierung einer spezifischen RNA durch Hybridisierung mit komplementären Gensonden möglich.
Methodisch wird beim Northern Blot-Verfahren analog zum Southern Blot-Verfahren vorgegangen. Die RNA wird aus Gewebe oder Zellen wie oben beschrieben isoliert. Damit die RNA-Moleküle für DNA-Sonden zugänglich werden, überträgt (blottet) man die elektrophoretisch getrennten RNA-Moleküle auf Nitrozellulose oder Nylonmembranen. Die Membranen werden mit den Sonden hybridisiert, die gebundenen Sonden werden mit gleichen Methoden wie im Southern Blot-Verfahren beschrieben, detektiert (siehe Abb. 94,

Übertragung von RNA auf eine Membran

92). Die Größe der RNA-Moleküle kann durch Vergleich mit RNA-Molekülen bekannter Größe bestimmt werden.

5.3.2 PCR mit RNA-Molekülen

cDNA

RT-PCR
(Reverse Tran-
skriptions-PCR)

Grundsätzlich ist zu beachten, dass sich RNA nicht direkt für eine PCR-Analyse eignet. Wenn man RNA untersuchen möchte, bedarf es eines zusätzlichen Arbeitsschrittes, in dem mRNA in cDNA umgewandelt wird. Dieses experimentelle Verfahren wird als Reverse Transkription bezeichnet. Eine PCR-Analyse ausgehend von mRNA wird daher meistens **RT-PCR** genannt (Reverse Transkriptions-PCR). Neuerdings hat sich die Verwendung der Abkürzung RTPCR, auch für Real-Time-PCR, eingebürgert, was des Öfteren zu Verwirrung führt. Es wäre sinnvoll, die Bezeichnung RT-PCR ausschließlich für Reverse Transkriptions-PCR zu verwenden.

Reverse Transkription

cDNA-Synthese

Primer

„random primer"-
Methode

Während der reversen Transkription wird die RNA in ein einzelsträngiges komplementäres DNA-Molekül umgeschrieben. Die Rückübersetzung der mRNA erfolgt mit einer reversen Transkriptase viralen Ursprungs (z. B. murine moloney leukemia virus) und einem Oligonukleotid-Primer. Als Primer eignen sich genspezifische Primer, Zufallsprimer (*random primer*, das sind Mischungen aus kurzen, meist sechs Nukleotide umfassenden Oligonukleotiden mit allen möglichen Sequenzabfolgen) oder oligo-dT Primer. Mit Hilfe von Zufallsprimern werden gleichzeitig viele unterschiedliche mRNA-Moleküle in komplementäre (engl. *complementary* DNA, cDNA) umgeschrieben (siehe Abb. 106). Man kann diese cDNA für unterschiedliche PCR-Tests einsetzen. Mit Hilfe der „random primer"-Methode entstehen unterschiedlich lange cDNA-Fragmente und es werden nur wenige Kopien der RNA-Moleküle in voller Länge gebildet. Dies kann ein Nachteil sein, da es in den nachfolgenden PCR-Analysen oft besonders wichtig ist, eine qualitativ hochwertige cDNA in voller Länge zu verwenden. Diesen Anforderungen wird man mit genspezifischen Primern meistens am besten gerecht. In diesem Fall entspricht die synthetisierte cDNA aber natürlich nur dem ausgewählten Gen. Die cDNA kann nun direkt zur PCR-Analyse verwendet werden.

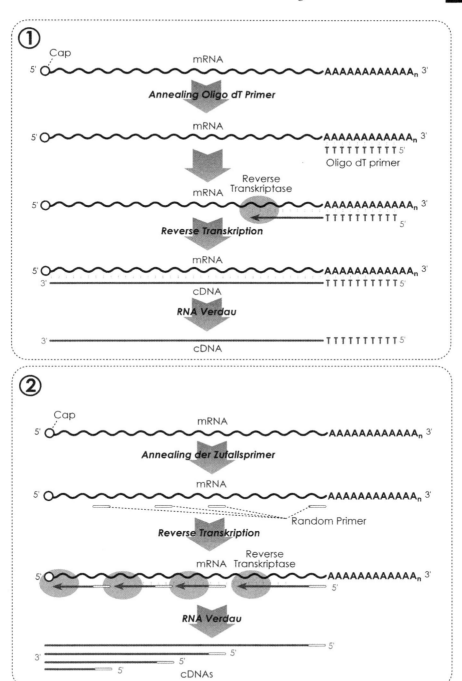

Abb. 106: RT-PCR I: Reverse Transkription. *Schema des Ablaufs der Umschreibung von mRNA in cDNA (cDNA-Synthese). 1. cDNA-Synthese mit Oligo dT Primern. 2. cDNA-Synthese mit Zufallsprimern*

Qualitative RT-PCR (PCR nach reverser Transkription) ·

Die RT-PCR wird analog zur bereits beschriebenen DNA-PCR durchgeführt. Als Analysematerial wird cDNA eingesetzt.

Während der initialen Zyklen einer PCR wird das eingesetzte Ausgangsmaterial jedes Mal verdoppelt. Die exponentielle Vermehrung findet aber nur über einen begrenzten Zeitraum statt und ist von mehreren Faktoren abhängig. Eine „normale" PCR-Analyse ermöglicht daher nur eine qualitative Bewertung des Produkts: man kann feststellen, ob eine bestimmte Sequenz in einem Untersuchungsmaterial vorhanden ist oder nicht. Um quantitative Beurteilungen durchführen zu können, sind Modifikationen der PCR erforderlich.

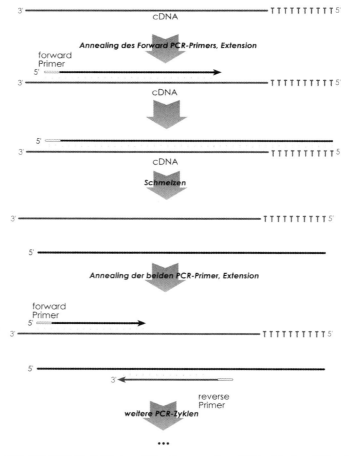

Abb. 107: RT-PCR II. PCR-Amplifikation aus der cDNA. Die Amplifikation eines DNA-Abschnitts aus einer cDNA erfolgt fast wie bei einer konventionellem PCR mit dem Unterschied, dass im ersten Zyklus nur eine Einzelstrang-DNA (= cDNA) vorhanden ist, daher nur der forward primer binden kann. Ab dem zweiten Zyklus gibt es keinen Unterschied zu einer normalen PCR.

Quantitative RT-PCR (PCR nach reverser Transkription)

Die genaue absolute Quantifizierung der eingesetzten mRNA/
cDNA-Menge ist schwierig und kann in ihrer Messgenauigkeit von
Tag zu Tag schwanken. Es bietet sich an, relative Konzentrationen zu
messen und nur Vergleiche zwischen Proben bzw. mit standardisier-
ten Proben durchzuführen.

Es gibt verschiedene Methoden zur Quantifizierung der mRNA/
cDNA. In den letzten Jahren haben sich aber vor allem zwei Technologien durchgesetzt.

- Real-Time RT-PCR (Real-Time-PCR nach reverser Transkription)
- Gene Arrays (Microarray, Mikrochip, Biochip)

Die Real-Time RT-PCR-Analyse im LightCycler® wird auf Seite 181
besprochen.

*Real-Time RT-PCR
Gene Arrays*

5.3.3 Expressionsanalysen mittels Mikrochips

Unter dem Begriff Microarray (Mikrochip, Biochip) subsummiert
man molekularbiologische Untersuchungsmethoden, die die gleichzeitige Analyse von tausenden Einzelkomponenten in einer geringen
Menge biologischen Probenmaterials erlauben.

Es gibt verschiedene Formen von Microarrays. Die Bezeichnung Mikrochip leitet sich vom Computerchip ab, da molekularbiologische
Chips ebenfalls viele Informationen auf kleinstem Raum enthalten.
Bei der Expressionsanalyse mittels Microarrays wird untersucht,
welche RNAs in welchen Mengen in einem Untersuchungsmaterial
zu einer gegebenen Zeit vorhanden (exprimiert) sind. Hauptsächlich werden zwei Arten von Microarrays angewandt:

Microarrays, die auf gebundener cDNA beruhen und Microarrays,
die auf synthetisch hergestellten Oligonukleotiden basieren.

Sowohl cDNAs als auch Oligonukleotide dienen als Sonden, die auf
definierten Positionen eines Trägermaterials, z. B. einem Glas- oder
Metallträger, aufgebracht werden. Unabhängig von der Art der verwendeten Sonden wird beim Microarray-Verfahren zunächst RNA
aus dem Untersuchungsmaterial extrahiert. Diese wird nach Reini-
gungs- und eventuell durchgeführten Vermehrungsschritten in
cDNA oder cRNA umgeschrieben und dabei beispielsweise mit
einem Fluoreszenzfarbstoff markiert. Die markierte cDNA/cRNA
wird danach an die am Mikrochip gebundenen Gensonden hybridisiert, wobei sich die markierten cDNAs/cRNAs spezifisch an den
komplementären Gegenpart auf dem Chip binden. Nach geeigneten
Waschschritten wird das Fluoreszenzsignal abgelesen (Abb. 108).
Die Auswertung der Fluoreszenzsignale erfordert hoch komplexe

Microarray

*zwei Arten von
Microarrays*

*Sonden auf
Trägermaterial*

*Hybridisierung
markierter
cDNA/cRNA*

Fluoreszenzsignal

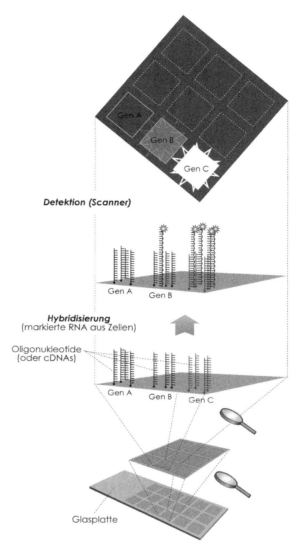

Detektion (Scanner)

Gen A
Gen B

Hybridisierung
(markierte RNA aus Zellen)

Oligonukleotide
(oder cDNAs)

Gen A
Gen B
Gen C

Glasplatte

*Abb. 108: Expressionsprofilierung mittels DNA-Chip. Die rasterartige Anord-
nung der Sonden auf einer sehr kleinen Trägerfläche erinnert an einen Computerchip, daher der Name DNA-Chip. Nach der Hybridisierung markierter cDNA oder
cRNA und Waschschritten, werden die Fluoreszenzsignale mit Hilfe eines hochauflösenden Scanners abgelesen. Das Schema oben zeigt als Beispiel die Signale von
drei Genen A, B, C. Gen A gibt kein Signal, d. h. ist nicht angeschaltet, während
Gen C ein sehr starkes Fluoreszenzsignal ergibt (Gen C ist in diesem Fall sehr stark
exprimiert). Gen B zeigt ein moderates Signal und ist damit weniger stark als C,
aber viel stärker als A angeschaltet. Vergleicht man nun die Signalintensitäten von
Gen A, B, C ... auf verschiedenen Chips miteinander, die mit RNAs von unterschiedlichen zellulären Zuständen (z. B. Normalzellen vs. Tumorzellen) hybridisiert wurden, kann man Aussagen über die Veränderung der Genexpression machen. Es kann beispielsweise Gen A in Tumorzellen im Vergleich zu normalen
Zellen stark angeschaltet sein, usw.*

mathematische Bearbeitungen und führte zur weiteren Ausweitung des Wissenschaftszweiges der Bioinformatik. An den veränderten Fluoreszenzsignalen, die verschieden behandelte Zellen oder Gewebeproben auf den DNA-Chips zeigen, kann man die Veränderungen der RNA-Expression in allen bekannten Genen (das sind beim Menschen um die 25.000) in einem Schritt verfolgen. DNA-Microarrays ersetzen somit in einem Experiment die Durchführung von (zehn)-tausenden Northern Blots zur Analyse von sich ändernden mRNA-Mengen!

5.4 Bioinformatik

Unter Bioinformatik versteht man die Wissenschaft, die sich mit den Grundlagen der Informatik, der Speicherung, der Organisation und der computerunterstützten Analyse von biologischen Daten befasst. Häufig wird für die Simulation und Berechnung von biologischen Experimenten auch der Begriff *in silico*-Berechnung verwendet.

in silico-Berechnung
Datenbanksuche

Die ersten Anwendungen der Bioinformatik wurden für das schnelle Auffinden von langen DNA-Sequenzen in Datenbanken entwickelt. Die Methoden sollten sehr ähnliche Sequenzen rasch so übereinander legen bzw. gegeneinander ausrichten, dass eine möglichst optimale Übereinstimmung gefunden wird. Dies erfolgt mit Hilfe verschiedener Algorithmen, komplexer mathematischer Rechenprinzipien und der dynamischen Programmierung. Die Methode kann zur Auffindung von Genen in unbekannten DNA-Sequenzen *(gene finding)* eingesetzt werden.

Algorithmen

Auffindung von Genen

Die Bioinformatik spielt auch in der Genomanalyse eine große Rolle, wo man mit Hilfe von Methoden der Informatik sequenzierte DNA-Abschnitte zu einer Gesamtsequenz zusammenfügt.

Sequenzanalyse

Neben den mathematischen Aufgaben beschäftigt sich die Bioinformatik auch mit der Verknüpfung der mathematischen Ergebnisse mit biologischen Daten. Idealerweise könnte die bioinformatische Analyse von DNA und Proteindaten die Rekonstruktion der Regelwerke eines gesamten Organismus erlauben, d. h. die Zuordnung eines Proteins zu seinem Gen und zu seiner metabolischen Funktion. Diese sehr wünschenswerte Auswertung ist jedoch derzeit noch nicht in Sicht.

biologische Netzwerke

Ein wesentlicher Punkt neben fehlerbehafteten Einträgen und doppelter Datenhaltung unter unterschiedlichen Schlüsseln, ist das weitgehende Fehlen von kontrollierten Vokabularien, die eine Zuordnung von Funktionsbezeichnungen quer durch alle Ebenen ermöglicht. Man versucht daher derzeit, eine standardisierte Nomenklatur für die Funktion, den Prozess und die Zelllokalisation von Gen-Produkten zu erstellen.

Anwendungen von DNA- und RNA-Untersuchungen

6 Nukleinsäureanalysen in der Medizin – Diagnostik von Erkrankungen

6.1 Allgemeines

Anfang des 21. Jahrhunderts sind viele Wissenschafter zur Überzeugung gekommen, dass die traditionellen Formen der Medizin, z. B. die chirurgische Entfernung von verändertem Gewebe oder die Verschreibung von Medikamenten für die Behandlung bestimmter Erkrankungen nicht adäquat sind. So ist z. B. die alleinige chirurgische Entfernung, z. B. von soliden Tumoren mit benachbartem gesunden Gewebe in einem bestimmten Sicherheitsabstand nicht immer ausreichend, um die Tumorerkrankung zu heilen. Morphologisch sehen Tumorzellen oft nur wenig anders aus als normale Zellen, und die Grenze zwischen Tumor und normalem Gewebe ist nicht zuverlässig zu ziehen.

Im Gegensatz dazu haben molekularbiologische Techniken zur Identifikation spezifischer Merkmale geführt, die zu völlig neuen diagnostischen und therapeutischen Entwicklungen beigetragen haben. Während früher Laboruntersuchungen einen beschreibenden Charakter hatten und den augenblicklichen Zustand darstellten, ermöglichen heute molekularbiologische Analysen die Erkennung der zugrunde liegenden Mechanismen und prädiktive (voraussagende) Aussagen. **molekularbiologische Techniken**

Mit Hilfe molekularbiologischer Methoden ist es möglich, die normale Funktion eines Gens zu bestimmen, oder zu testen, ob eine genetische Veränderung zu einer Fehlfunktion des Gens führt. Es ist daher nicht verwunderlich, dass die Molekularbiologie zu der am schnellsten wachsenden Disziplin im modernen klinischen Labor zu zählen ist. Mit der Einführung von Genanalysen wurden neue Möglichkeiten zur direkten Untersuchung der Erbsubstanz und der Chromosomen in unterschiedlichsten biologischen Substanzen geschaffen. Dies hat zu signifikanten Verbesserungen im medizinisch-diagnostischen Instrumentarium und auch in der Forensik (für Vaterschaftstests und in der Täteridentifikation) geführt. Da die DNA in allen kernhaltigen Körperzellen (z. B. weißen Blutkörperchen, Mundschleimhaut, Haarwurzeln, Urin etc.) vorhanden ist, ist die Gewinnung des Untersuchungsmaterials relativ einfach. **Genanalysen**

Einer der ersten Bereiche, bei denen Genanalysen in die Medizin Eingang gefunden haben, war die Diagnostik angeborener, schwerer Erkrankungen. Erbkrankheiten folgen bestimmten Erbgängen. **Diagnose von Erbkrankheiten**

Demnach kommt ein Krankheitsmerkmal eines Erbleidens in mehr als einer Generation im Familienstammbaum vor. Etwa 6.000 Erbkrankheiten sind bisher in den Medizinlexika verzeichnet. Von etwa 3.000 Erbkrankheiten sind derzeit die verantwortlichen Gene bekannt.

Bei angeborenen Erkrankungen unterscheidet man zwischen ererbten und erst im ungeborenen Lebewesen spontan entstandenen Fehlern in der Erbmasse. Beide betreffen die DNA nicht nur in einem bestimmten Organ oder bestimmten Zellen, sondern die genetische Information in allen Zellen eines Menschen. Die Veränderungen können an zukünftige Generationen weitergegeben werden.

Für die Weitergabe der genetischen Information von einer Zelle zur anderen sind Schlüsselenzyme verantwortlich. Sie sind ungeheuer leistungsfähig – und machen trotzdem Fehler. Zwar verfügt der Körper über Kontroll- und Korrekturmechanismen, die diese Fehler ausbessern; wenn dieser Schutz versagt, kann dies katastrophale Folgen haben. Manchmal genügt schon eine Veränderung in einem einzigen Gen als Krankheitsauslöser – man spricht in diesen Fällen von *monogenetischen* Erbkrankheiten. Bei *polygenetischen* Krankheiten müssen mehrere Veränderungen gemeinsam vorliegen, damit es zum Auftreten der Erkrankung kommt.

monogenetische Erbkrankheiten polygenetische Krankheiten

Jeder Mensch besitzt jede genetische Anlage zweimal – eine von der Mutter, eine vom Vater. Ausnahmen stellen die auf den Geschlechtschromosomen X und Y lokalisierten Gene dar, die nur einmal vorkommen.

6.2 Begriffsdefinitionen

Hier werden einige Begriffe nochmals zusammenfassend erklärt, die auch schon im Abschnitt Grundlagen näher erläutert wurden. Diese Wiederholung ist beabsichtigt, da das Verständnis der Begriffe für die folgenden Anwendungen von grundlegender Bedeutung ist.

Genom

genetische Gesamtinformation

Das Genom des Menschen ist die *genetische Gesamtinformation*, sozusagen der „blue print" (die Blaupause des Bauplanes) eines einzelnen Menschen. Nur eineiige Zwillinge haben den gleichen genetischen ‚blue print', alle anderen Menschen unterscheiden sich.

Das menschliche Genom besteht aus drei Millarden Basenabfolgen, wovon etwa jede hundertste bis dreihundertste Base von Mensch zu Mensch verschieden ist. Die Sequenzierung des humanen Genoms im „Human genome project" ist abgeschlossen, trotzdem sind noch nicht alle Gene (etwa 25.000) lokalisiert und identifiziert. Auch die Diskussion, wie viele Gene sich im menschlichen Genom finden, ist noch im Gange. Der Grund für die Schwierigkeiten bei der Identifikation von Genen liegt darin, dass es derzeit keine Übereinstimmung darüber gibt, was ein Gen ist. Es ist nicht klar, ob und wie man Promoter, alle Enhancer und weitere für die Transkription eines Gens relevanten Regionen einem Gen zuordnen soll. Wie geht man vor, wenn derselbe Promoter von zwei Genen verwendet wird. Wie lässt sich sicherstellen, welche zwei Gene von dem Promoter gesteuert werden usw. Außerdem ist es auch mit Hilfe von Computerprogrammen schwierig, Gene im Genom zu lokalisieren. Ob und welche Gene mit Erkrankungen assoziiert sind muss ebenfalls zum großen Teil erst noch erforscht werden.

Identifikation von Genen

Gen

Ein Gen ist die physikalische und funktionelle Einheit der Vererbung. Ein Gen bewirkt und enthält die Information für eine Funktion. Biochemisch ist es eine geordnete Abfolge von „Nukleotiden" (aus den Basen Adenin, Guanin, Cytosin, Thymin), die sich an einer ganz bestimmten Position in unserem Genom befinden müssen. Findet sich ein Gen bzw. bestimmte Basenabfolgen nicht an der vorbestimmten Position eines bestimmten Chromosoms, dann hat das Gen möglicherweise nicht jene Funktion, die es haben sollte bzw. die es natürlicherweise hat. Das heißt, ein Gen muss an der richtigen Stelle, im richtigen Umfeld, lokalisiert sein. Änderungen der Position eines Gens führen meistens zu geänderten Funktionen, die oft mit Erkrankungen verbunden sind. Eine Positionsänderung eines Gens, z. B. durch eine Translokation, kann zu einer Verstärkung der Expression führen und einer Zelle oder einem Organismus einen Vorteil verschaffen (solche Situationen sind z. B. in Tumorzellen zu beobachten).

geordnete Abfolge von „Nukleotiden"

Genotyp

Der Genotyp oder die Erbeigenschaften eines Organismus umfassen seine exakte genetische Ausstattung, also den Satz von Genen, den die Zellen im Zellkern tragen. Der Begriff Genotyp wurde bereits 1909 vom dänischen Genetiker Wilhelm Johannsen geprägt. Zwei Organismen, deren genetische Information sich auch nur an einer einzigen Stelle unterscheidet, haben einen unterschiedlichen Genotyp.
Der Genotyp hat großen Einfluss auf die Entwicklung eines Organismus, ist aber nicht allein und ausschließlich dafür verantwortlich. Externe Faktoren – z. B. Umwelteinflüsse, Ernährung etc. spielen eine sehr wesentliche Rolle.

Erbeigenschaften eines Organismus

Mutation

Punktmutationen

Punktmutationen: Veränderungen in der genetischen Information, die eine oder wenige Nukleotide betreffen. Die Veränderungen können dazu führen, dass die in diesem veränderten DNA-Abschnitt festgelegte Information missverstanden wird, was gravierende Konsequenzen nach sich ziehen kann.

große Mutationen

Große Mutationen: Veränderungen großer Abschnitte der DNA, z. B. Chromosomenveränderungen wie Translokationen, Inversionen, große Insertionen, große Deletionen, numerische Veränderungen, bei denen sich bereits im Lichtmikroskop feststellen lässt, dass eine Abweichung von der Norm vorliegt.

Polymorphismen – häufige genetische Variationen

Polymorphismen

Darunter versteht man die Unterschiede, die zur Vielgestaltigkeit des Genoms führen. Man rechnet mit dem Vorkommen von bis zu mehreren Millionen Polymorphismen im Genom. Die Polymorphismen sind die Grundlage des genetischen Fingerprints, der heute aus der Gerichtsmedizin (Täteridentifikation, Vaterschaftsanalyse) nicht mehr wegzudenken ist.

Polymorphismen führen häufig nicht zu offensichtlich erkennbaren phänotypischen Auswirkungen. Sie können jedoch z. B. in unmittelbarer Nähe von wichtigen Genveränderungen liegen und als Marker für diese herangezogen werden (Vererbungsanalysen – „Linkage Analysen"). Neuerdings weiß man außerdem, dass zahlreiche Polymorphismen innerhalb der kodierenden Region eines Gens liegen und dessen Funktion modulieren können oder sich in Steuerregionen von Genen finden und die Konzentration eines Proteins beeinflussen können. Diese Polymorphismen stehen häufig in Zusammenhang mit Phänotypen (so führt z. B. ein Polymorphismus im Prothrombin-Gen zu erhöhten Prothrombin-Konzentrationen im Plasma, während Polymorphismen im Promoter des Gerinnungsfaktor-XII-Gens für verminderte FXII-Spiegel im Plasma verantwortlich sind). Beide genetischen Varianten können zu Gerinnungsstörungen führen.

Linkage Analyse

Allele

Allele

Die meisten Gene des Menschen existieren in verschiedenen Ausprägungsformen. Man bezeichnet diese als Allele. Üblicherweise benennt man die am häufigsten in einer Bevölkerung vorkommende allelische Variante als Wildtyp, aber auch andere Terminologien wie „minor" allele versus „major" allele. Die anderen Allele werden Varianten oder Mutanten genannt.

Wildtyp

Phänotyp

Unter dem Phänotyp eines Organismus versteht man die tatsächlichen erkennbaren Merkmale. Beim Menschen sind unter anderem z. B. Körpergröße, Gewicht, Haarfarbe, Augenfarbe usw. phänotypische Eigenschaften. Für den Phänotyp sind die Transkription der Gene (siehe vorne) und die Translation der mRNA sowie andere epigenetische Mechanismen verantwortlich. Wir wissen, dass idente Gene in verschiedenen Organismen verschieden exprimiert werden können. Eindrucksvolle Beispiele dafür sind eineiige Zwillinge, die zwar den gleichen Genotyp tragen, aber niemals einen identen Phänotyp besitzen, auch wenn sie sich sehr ähnlich sind (eineiige Zwillinge haben z. B. nicht denselben Fingerabdruck).

Phänotyp

6.3 Vererbungsmuster

Dominante Vererbung: Schon der Defekt in einem der beiden Gene reicht aus, dass eine Krankheit zum Ausbruch kommt. Bei einer dominanten Erbkrankheit besteht also eine 50 %ige Wahrscheinlichkeit, dass ein Nachkomme erkrankt (siehe Abb. 109). Dies erklärt sich daraus, da sich beim erkrankten Elternteil in der Hälfte der Keimzellen (Ei- oder Samenzelle) das veränderte Gen im haploiden Chromosomensatz befinden wird.

dominante
Vererbung

Rezessive Vererbung: Nur wenn beide, sowohl das vom Vater als auch das von der Mutter geerbte Gen, einen genetischen Defekt aufweisen, kommt es zum Auftreten der Erkrankung. Das Risiko an einer rezessiven Erbkrankheit zu erkranken, steht für die nachfolgende Generation eins zu vier: Beide Eltern sind zwar Träger eines defektes Gens, sind aber selber klinisch unauffällig, da sie neben dem defekten rezessiven Gen über ein intaktes Gen verfügen. Jedes Kind solcher Eltern hat eine 50 %ige Chance, wie die Eltern nur Träger zu sein, ohne Krankheitszeichen zu entwickeln wenn es ein gesundes und ein krankes Gen erbt, und ein 25 %iges Risiko, zu erkranken (siehe Abb. 110).

rezessive
Vererbung

X-chromosomale Vererbung: Männer haben ein X- und ein Y-Chromosom, Frauen besitzen zwei X-Chromosomen. X-chromosomal vererbte Erkrankungen treffen in der Regel nur männliche Nachkommen, wenn sie das fehlerhafte X-Chromosom von der Mutter erben. Frauen können Überträgerinnen des Gendefekts sein – mit einer 50 %igen Chance, ihr intaktes X-Chromosom weiterzugeben, und einer ebenso 50 %-Wahrscheinlichkeit, das defekte X-Chromo-

X-chromosomale
Vererbung

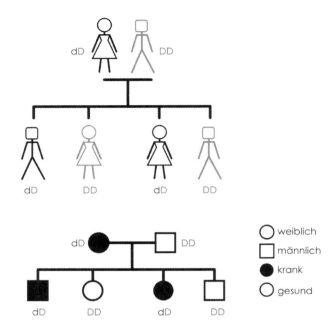

Abb. 109: Dominante Vererbung eines autosomalen Gendefekts.
Oben: Das Schema zeigt ein Vererbungsmuster einer dominanten Genveränderung (d) ausgehend von der Mutter auf zwei Nachkommen. Personen, die die Mutation in sich tragen, sind schwarz dargestellt (dD), gesunde Personen grau (DD).
Unten: Das gleiche Schema wie oben in einer in der Vererbungslehre gebräuchlichen Darstellung. Weibliche Individuen werden als Kreise, männliche als Quadrate dargestellt. Personen, die einen Gendefekt in sich tragen, der zu einem Phänotyp führt (Erkrankung), sind mit schwarz gefüllten Symbolen gekennzeichnet.

som zu vererben (siehe Abb. 111). Manche X-chromosomalen Erkrankungen manifestieren sich auch bei Frauen klinisch, meistens ist der klinische Schweregrad jedoch leichter. Eine der bekanntesten X-chromosomalen Erkrankungen ist die Bluterkrankheit, die Hämophilie. Auch die Rot-Grün-Farbenblindheit betrifft nur männliche Nachkommen, ebenso die Duchenne'sche Muskeldystrophie, eine Form von Muskelschwund.

6.4 Gentests

Heute kann man mittels Gentests viele Erkrankungen lange vor ihrem klinischen Auftreten erkennen. Aber sowohl heute wie auch in Zukunft wird sich nur mit einer bestimmten Wahrscheinlichkeit einschätzen lassen, ob die Erkrankung bei einem Träger einer Mutation

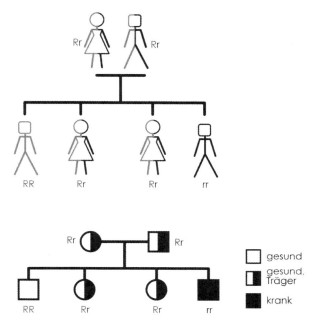

Abb. 110: Rezessiver Erbgang. *R … gesundes Gen, r … rezessives defektes Gen*

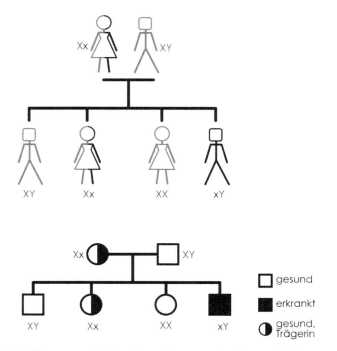

Abb. 111: X-Chromosomale Vererbung. *X … gesundes Gen am X-Chromosom, x … defektes Gen am X-Chromosom*

Einschätzung des Krankheitsrisikos

tatsächlich zum Ausbruch kommen wird oder nicht. Die Wahrscheinlichkeit kann höher oder niedriger sein, abhängig von zusätzlichen Risikofaktoren, wie falsche Ernährung, Bewegungsmangel oder anderen fehlenden Vorsorgemaßnahmen. Je früher man ein Krankheitsrisiko erkennen und richtig einschätzen kann, desto besser sind die Chancen auf Prophylaxe und Prävention, und desto weniger werden Folgeschäden oder schwere Krankheitsbilder auftreten. Die Entwicklung aussagekräftiger Gentests, angewandt unter den richtigen Rahmenbedingungen, wird mit hoher Wahrscheinlichkeit zur besseren Gesundheitsvorsorge in der Zukunft beitragen.

Bei frühzeitiger Erkennung der Erkrankung kann man therapeutische Maßnahmen setzen, die dazu beitragen, dass es gar nicht zum Ausbruch der Krankheit bzw. zu schweren Schäden durch die Erkrankung kommt. Ein typisches Beispiel sind Stoffwechselerkrankungen, wie z. B. die Phenylketonurie oder der Morbus Wilson. Bei Phenylketonurie tragen rechtzeitig gesetzte Diätmaßnahmen (z. B. Phenylalanin-arme Kost) dazu bei, dass ein Kind, welches die Erkrankung geerbt hat, keine oder nur milde Krankheitssymptome ausbildet, d. h. trotz der genetischen Anlage de facto gesund bleibt.

Die genetische Analyse ermöglicht es auch, nicht nur Anlagen für Erkrankungen festzustellen, sondern innerhalb einer Patientengruppe bestimmte Subgruppen zu unterscheiden, und für die jeweilige Patientensubgruppe maßgeschneiderte Behandlungen auszuwählen. Die Möglichkeit der gezielten Therapiewahl ist ohne Zweifel ein großer Fortschritt für die Patienten.

Im folgenden Abschnitt sollen einige Anwendungsbeispiele besprochen werden, um das praktische Vorgehen in einem molekulargenetischen Labor zu illustrieren.

7 Molekularbiologische Labordiagnostik mittels Analyse der DNA

7.1 Allgemeines

Die moderne Diagnostik hat das Ziel, nach Möglichkeit das Auftreten von Erkrankungen zu verhindern und die Vorbeugung zu unterstützen. Dazu bedarf es einer genauen, spezifischen und sensitiven Diagnostik.

Klassische Laboruntersuchungen mit konventionellen funktionellen oder biochemischen Tests unterliegen äußeren Einflüssen (z. B. ob man gerade ein Medikament genommen hat, fett gegessen hat, zu wenig getrunken hat, usw.) und können oft nur nach Entnahme einer Gewebeprobe durchgeführt werden.

Das Arbeitsfeld eines medizinisch-molekularbiologischen Labors ist darauf ausgerichtet, die vielen unterschiedlichen Mutationen mit Hilfe geeigneter Techniken mit hoher Spezifität und Sensitivität erfassen zu können. Neben den klassischen Methoden der Molekularbiologie, wie Polymerase Kettenreaktion (PCR) und Gelelektrophorese werden zunehmend Real-Time-PCR, Sequenzierung und Hochdurchsatzmethoden wie Microarrayanalysen verwendet, um möglichst rasch viele Informationen über vorhandene genetische Veränderungen zu erhalten.

Wie schon erwähnt, werden molekularbiologische Untersuchungen heute zur Analyse zahlreicher Fragestellungen eingesetzt. Bei allen diagnostischen Anwendungen spielen Präanalytik, Qualitätssicherung, Standardisierung und Validierung der Tests eine große Rolle, daher soll kurz auf diese Aspekte eingegangen werden.

Vorbeugung

Diagnostik

Techniken im medizinisch-molekularbiologischen Labor

PCR Gelelektrophorese Real-Time-PCR Sequenzierung Microarrayanalysen

7.2 Qualitätssicherung, Präanalytik

Genetische Analysen sind aus der modernen Medizin nicht mehr wegzudenken. Ohne Zweifel bietet die molekulargenetische Diagnostik große Möglichkeiten zur Verbesserung der Diagnosestellung und zur Unterstützung von Therapieentscheidungen. Es ergeben sich aus der breiten Anwendung der molekularbiologischen Analytik aber auch neue Herausforderungen, z. B. die Notwendigkeit der Einführung neuer Regeln betreffend Kontrollsysteme zur Überprüfung der Qualität der verwendeten Tests sowie der Testlabors. Der Erfordernis, professionelle Richtlinien bzw. Leitlinien zu erstellen,

Überprüfung der Qualität

wird auf verschiedenen Ebenen nachgegangen. Es wurden in den vergangenen Jahren innerhalb der Europäischen Union Netzwerke errichtet und diese mit der Etablierung von Qualitätskontrollprogrammen beauftragt. Die ersten Ergebnisse liegen bereits vor und für eine Reihe von Tests sind heute nationale und internationale Qualitätssicherungsprogramme verfügbar. In mehreren Ländern der Europäischen Union ist die Teilnahme an Qualitätssicherungsprogrammen für diagnostische Labors verpflichtend.

externe Qualitäts-sicherungs-programme
interne Qualitäts-kontrollen

Neben der Teilnahme an **externen Qualitätssicherungsprogrammen** ist die Umsetzung von **internen Qualitätskontrollen** von großer Wichtigkeit. Man weiß heute, dass inadäquate präanalytische Behandlung der Proben, Vertauschungen und Übertragungsfehler bei manuellen Prozessen Ursachen für falsche Ergebnisse darstellen können.

Präanalytik

Für die **Präanalytik** ist zu beachten, dass neben der eindeutigen Probenkennzeichnung (jedes Probengefäß muss mit Vor- und Zunamen sowie Geburtsdatum des Patienten gekennzeichnet sein) für molekulargenetische Untersuchungen ausschließlich orginalverschlossene Blutentnahmegefäße verwendet werden sollten (Vermeidung von Verwechslungen oder Kontaminationen). In der Regel wird Vollblut verwendet. Seit 2005 sind detaillierte Empfehlungen zur Präanalytik molekularbiologischer Untersuchungen verfügbar, die von einer Arbeitsgruppe des Clinical and Laboratory Standards Institute ausgearbeitet wurden (CLSI Document „Collection, Transport, Preparation, and Storage of Specimens for Molecular Methods" MM13-P, Vol. 25, No. 9, 2005). Seit Kurzem gibt es auch ein von der Europäischen Union gefördertes Ringversuchsprogramm mit Namen SPIDIA zur Standardisierung und Qualitätssicherung der DNA-Isolierung und der RNA-Isolierung.

Vorgaben zur Qualitätssicherung

Detaillierte Vorgaben zur Qualitätssicherung können entsprechenden Richtlinien entnommen werden.

7.3 Nachweis von Mutationen

Obwohl die Sequenzierung nach wie vor als die Gold-Standard-Methode zur Charakterisierung spezifischer genetischer Abnormalitäten anzusehen ist, stehen mehr und mehr einfachere Techniken zur Identifikation von Sequenzvariationen zur Verfügung. Diese einfacheren Verfahren werden immer wichtiger, je mehr spezifische Gene und krankheitsrelevante Mutationen definiert werden.

Identifikation von Sequenz-variationen

Wahl des Verfahrens

Die Wahl des Verfahrens zur Mutationssuche ist eng mit der Art der Mutation und deren Heterogenität verbunden. Für Erkrankungen, die keine oder eine sehr geringe genetische Heterogenität der Mutationen aufweisen, können Tests eingesetzt werden, die nur nach den bekannten genetischen Veränderungen suchen und diese detektieren (z. B. Faktor-V Leiden, Hämochromatose, Sichelzellanämie).

Im Gegensatz dazu benötigt man zum Mutationsnachweis bei Erkrankungen, in denen das Mutationsspektrum sehr heterogen ist, Screening-Methoden, die es erlauben, das gesamte Gen oder große Teile davon zu scannen (Duchenne'sche Muskeldystrophie, Hämophilie A, zystische Fibrose).

Die meisten heute zum Einsatz kommenden Verfahren basieren auf einer PCR-Amplifikation. Die spezifische DNA-Sequenz wird im Anschluss daran mit unterschiedlichen Methoden detektiert. Zur Anwendung kommen: Hybridisierung, Elektrophorese, Restriktionsenzymverdau und Elektrophorese.

Allelspezifische Hybridisierung

Sucht man nach bestimmten Ausprägungsformen, so kann man komplementäre Oligonukleotide für jede Variante auswählen und diese an Trägermaterialien (z. B. Nylonmembranen) binden. Die DNA einer Patientenprobe wird in einer PCR des zu untersuchenden Genabschnitts mit Biotin-markierten Primern amplifiziert und danach mit den oberflächengebundenen Oligonukleotiden hybridisiert.

Die markierten PCR-Produkte binden sich während der Hybridisierung an ihre komplementäre DNA-Sequenz – d. h. ein Wildtyp-Fragment bindet sich an das Wildtyp-Oligonukleotid, ein mutantes Fragment hybridisiert an das mutante Oligonukleotid. Wenn in einer Probe beide Sequenzen vorhanden sind, gibt es mit jedem Oligonukleotid ein Signal. Diese Probe ist heterozygot, d. h. das bestimmte Gen liegt einmal als Wildtyp und einmal als mutantes Allel vor. Das beschriebene Verfahren wird häufig als allelspezifische Oligonukleotid-Hybridisierung (ASO) bezeichnet.

Restriktionsfragment Längen-Polymorphismen

Bekannte Mutationen können einfach und zuverlässig mit Hilfe von Restriktionsenzymen detektiert werden. Wird eine Restriktionsenzym-Schnittstelle durch eine Mutation verändert, kann das Enzym nicht mehr spalten und das Schnittmuster verändert sich. Dies lässt sich durch elektrophoretische Untersuchung nachweisen. In der menschlichen genomischen DNA gibt es eine Vielzahl unterschiedlicher Erkennungssequenzen für verschiedene Restriktionsenzyme. Manche dieser Schnittstellen sind polymorph, d. h. die Schnittstelle kann an- oder abwesend sein. Diese polymorphe Variabilität be-

Restriktions-
analyse

Restriktions-
längen-Polymor-
phismus (RFLP)

zeichnet man als Restriktionslängen-Polymorphismus (RFLP). RFLPs repräsentieren personenspezifische Merkmale und können zur Vererbungsanalyse eingesetzt werden.

Real-Time-PCR am LightCycler®

Real-Time-PCR-Methode

Mit der Real-Time-PCR-Methode können Mutationen in Echtzeit detektiert werden. Zur Mutationsdetektion wird z. B. die Schmelz-kurven-Analyse verwendet (vgl. Kapitel 4.7.2). Wie schon erwähnt schmilzt jedes DNA-Fragment bei einer typischen Temperatur, die durch die Sequenz und die Länge des Fragmentes definiert wird. Nicht-Übereinstimmung in der Sequenz zwischen Hybridisierson-de und Zielsequenz resultiert in einer niedrigeren Schmelztempe-ratur. Praktisch geht man bei der Schmelzkurven-Analyse zur Typi-sierung von Mutationen folgendermaßen vor:

Schmelzkurven-Analyse

Man wählt die Sequenz für die Akzeptorsonde, z. B. komplementär zur Normalsequenz. Bei Vorliegen einer Punktmutation lagert sich die Sonde weniger fest an die Vorlage an als im Falle der Normalse-quenz. Nach Durchlaufen von ca. 30 PCR-Zyklen wird gemessen, wobei die Temperatur kontinuierlich erhöht und gleichzeitig die Intensität der Fluoreszenz aufgezeichnet wird. Erreicht die Tempe-ratur in der Kapillare den Schmelzpunkt des Untersuchungsproduk-tes kommt es zu einer scharfen Abnahme der Fluoreszenz, da sich eine der beiden Sonden nicht mehr an das Produkt bindet. Der Schmelzpunkt wird bei Vorliegen der Mutation um einige Grad Cel-sius niedriger liegen als bei der normalen Sequenz (siehe Abb. 106). Die Methode wird heute in vielen Labors zum Nachweis der Fak-tor-V Leiden-Mutation und der Prothrombinvariante eingesetzt.

8 Anwendungsbeispiele

8.1 Molekularbiologische Untersuchungen bei angeborenen Erkrankungen

8.1.1 Monogenetische Erkrankungen

Molekularbiologische Untersuchungen bei Hämophilie A
als Beispiel für eine X-chromosomale Erkrankung

Definition und Klinik

Hämophilie (Bluterkrankheit) ist eine Störung der Blutgerinnung. **Hämophilie**
Im Wesentlichen werden zwei Formen unterschieden – Hämophilie **(Bluterkrankheit)**
A und B. Je nachdem, ob der Gerinnungsfaktor-VIII oder -IX im
Blut fehlt. Symptome der Bluterkrankheit sind auffällig große und
häufige Blutergüsse und schwer stillbare Blutungen. Eine leichte
Ausprägung der Bluterkrankheit wird oft erst bei Eingriffen wie dem
Ziehen eines Zahnes bemerkt. Schwerere Ausprägungen zeigen sich
durch innere Spontanblutungen, von denen vor allem die Gelenke
betroffen sind. Bei operativen Eingriffen kann es auch bei Überträgerinnen, die doch häufig verminderte Faktor-VIII Mengen im Blut
haben, zu Blutungskomplikationen kommen. Hämophilie A wird
durch komplettes Fehlen, schweren Mangel, oder defekte Funktion
des Gerinnungsfaktors-VIII verursacht. Diagnostiziert wird die Bluterkrankheit durch Blutuntersuchungen.

Genetik

Die Krankheit wird über das X-Chromosom vererbt (siehe Abb. **X-chromosomale**
109) und manifestiert sich in erster Linie bei Männern. Frauen kön- **Vererbung**
nen jedoch Trägerinnen der Erkrankung sein und die Erkrankung
an ihre Söhne weitergeben, bei denen sie phänotypisch zur Ausprägung kommt. Töchter sind in der Regel klinisch nicht betroffen. Da
Frauen meistens asymptomatisch sind, kann die Erkrankung mehrere Generationen überspringen. In Einzelfällen ist Hämophilie bei
Frauen möglich, die Ursachen dafür sind vielfältig und noch nicht
zur Gänze erforscht.

Das Faktor-VIII-(FV III)- und das Faktor-IX-(F IX)-Gen wurden **Faktor-VIII-Gen**
zwischen 1982 und 1984 entschlüsselt. Seit damals ist es möglich, **Faktor-IX-Gen**
die genetischen Ursachen bei Patienten und ihren weiblichen Ange-
hörigen zu identifizieren. Hämophilie A tritt bei etwa einem von
5.000 Männern auf, während man Hämophilie B nur bei etwa ei-

nem von 50.000 Männern findet. Das klinische Bild der Hämophilie A ist sehr heterogen. Im Wesentlichen kann man zwei große Gruppen von Patienten unterscheiden:

Personen mit schwerer Hämophilie A und Faktor-VIII-Aktivität < 2 % des Normalwertes und Individuen mit mittelschwerer bis leichter Hämophilie und Faktor-VIII-Spiegeln zwischen 2% und 15 %. Bis zu einem Drittel aller Patienten mit schwerer Hämophilie entwickeln gegen den – während der Therapie zugeführten – Faktor-VIII-Antikörper, was die Behandlung beträchtlich verkompliziert.

Faktor-VIII-Spiegel Mutationen

Molekularbiologische Untersuchungen lieferten eindeutige Hinweise, dass ein Zusammenhang zwischen der Art des ursächlichen genetischen Defekts und der Anlage zur Ausbildung eines Antikörpers besteht. Aus diesem Grund ist es wichtig, nicht nur den Faktor-VIII-Spiegel zu bestimmen, sondern auch die verantwortliche Mutation bei einem Patienten zu kennen. Aufgrund von Untersuchungsergebnissen bei anderen Erbkrankheiten war zu erwarten, dass verschiedenste Mutationen, wie Deletionen (Fehlen eines Stücks des F VIII-Gens), Punktmutationen (punktuelle Abweichung von der normalen genetischen Information) oder Insertionen (Einfügung einer falschen Information) zu einem Defekt des F VIII-Gens führen könnten. Das Aufspüren der Mutationen war jedoch, wie sich bald herausstellte, sehr mühsam, was mit der Größe des F VIII-Gens und seiner Komplexität zusammenhängt. In den ersten Untersuchungen fand man bei ca. 5 % aller Patienten mit Hämophilie A große Deletionen, d. h. ein Stück des F VIII-Gens fehlte. Interessanterweise waren alle diese Deletionen einzigartig, d. h. jeder Patient hatte seine individuelle Deletion. Das Ausmaß der gefundenen Deletionen war sehr unterschiedlich und variierte zwischen einem kleinen Teilstück und einer totalen Deletion des F VIII-Gens. In neueren Untersuchungen stellte man fest, dass große Deletionen im

Deletionen

Risiko zur Antikörperbildung

F VIII-Gen mit einem hohen Risiko zur Antikörperbildung (Inhibitorbildung) verbunden sind. Bei einzelnen Patienten mit Hämophilie A wurden auch Insertionen im F VIII-Gen gefunden. Sie kommen jedoch nur selten vor, und bei den wenigen beschriebenen Fällen handelte es sich ausnahmslos um Neuerkrankungen.

Inversion

Diagnostisch bedeutsam ist die Tatsache, dass eine bestimmte Art der Veränderung im F VIII-Gen, die Inversion in einem Abschnitt des Gens (dem so genannten Intron 22), bei ca. 40 % aller Patienten mit schwerer Hämophilie A die Ursache der Erkrankung darstellt. Die Inversion ist ebenso wie große Deletionen mit einem erhöhten Risiko der Inhibitorentwicklung verbunden. Es ist daher wichtig,

Inhibitorentwicklung

schon im sehr jungen Lebensalter z. B. wenn die erste Behandlung notwendig wird (oft im Alter von ein bis zwei Jahren) nachzuweisen, ob bei einem Patienten eine Inversion vorliegt oder nicht. Durch die verhältnismäßig einfache Nachweisbarkeit mittels Long-Range-PCR ist es heute möglich, mit einem vertretbaren Aufwand die Inversion zu identifizieren. Der Erkennung von Punktmutationen, die die Ursache für etwa die Hälfte aller schweren Formen und für alle leichten Formen der Hämophilie A darstellt, wird durch Sequenzierung des F VIII-Gens erreicht. Die Analyse ist aufgrund der Größe des Gens zeit- und kostenintensiv.

Long-Range-PCR

Punktmutationen

Bei der Hämophilie B liegt die Situation etwas anders, da das Faktor-IX-Gen viel kleiner ist und ursächliche Mutationen daher leichter gefunden werden können.

Überträgerinnendiagnostik

Die Überträgerinnendiagnostik stellt in betroffenen Familien schon seit langem einen wichtigen Bestandteil der Diagnostik dar. Frühe Methoden stützten sich auf die Faktor-VIII-Aktivität, die zwar häufig, aber nicht immer, bei Überträgerinnen vermindert ist. Die Aussagesicherheit dieser Methode betrug daher nur 70–85 %. Ein entscheidender Durchbruch in der Überträgerinnendiagnostik gelang durch die Entdeckung genetischer Varianten (Polymorphismen) im F VIII-Gen. Diese Varianten sind selbst nicht für die Erkrankung verantwortlich, sie erlauben aber die Analyse der Vererbung des defekten Faktor-VIII-Gens in einer Familie (Linkage Analyse).

Polymorphismen

Linkage Analyse

Anzustreben ist aber ohne Zweifel die direkte Überträgerinnendiagnostik über den Nachweis des ursächlichen Gendefekts (Mutation). Bis vor kurzem war die direkte Mutationsanalyse, z. B. durch Sequenzierung, allerdings nur in eingeschränktem Umfang verfügbar, und man musste sich mit Linkage Analysen behelfen.

Nachweis der Mutation

Linkage Analyse

Der Einsatz von Markern, die innerhalb des Faktor-VIII-Gens liegen (intragenische Marker) sowie außerhalb des F VIII-Gens befindlicher, aber eng mit dem F VIII-Gen assoziierte Marker (extragenische Marker), ermöglicht die Diagnostik bei 95 % der Frauen. Diese Marker sind nicht ursächlich für die Erkrankung, sind aber innerhalb einer Familie mit der Erkrankung assoziiert. Auch nach Kombination aller verfügbaren genetischen Marker sind bei 5 % der Frauen die beiden X-Chromosomen nicht zu unterscheiden. Man spricht davon, dass diese Frauen hinsichtlich der genetischen Aussage „nicht informativ" sind und eine DNA-Analyse nicht möglich ist. Die Verwendung extragenischer Marker birgt das Risiko einer falschen Diagnose, da sich in 4 bis 5 von 100 Zellen der Marker (das

Einsatz von Markern

informative genetische Merkmal) und die krankheitskausale Mutation nicht am selben X-Chromosom befinden. Die diagnostische Sicherheit beträgt daher für extragenische Marker nur 95–96 %, wohingegen sie für intragenische Systeme bei 99–100 % liegt.

Linkage Analyse

Um eine *Linkage Analyse* durchführen zu können, müssen folgende Voraussetzungen erfüllt sein:

- Neben einem gesichert Erkrankten müssen immer auch alle wesentlichen Verwandten (Eltern, Kinder, evtl. Großeltern, Geschwister) für die Untersuchung zur Verfügung stehen.
- Die Vaterschaft muss gesichert sein.
- Manche Frauen sind für die genetischen Marker „nicht informativ" (die beiden X-Chromosomen einer Frau lassen sich nicht unterscheiden). Für diese Familien kann die Vererbungsanalyse nicht durchgeführt werden.
- Neumutationen können nicht erkannt werden.

Diese Voraussetzungen gelten für alle Erkrankungen, bei denen Linkage Analysen angewandt werden.

Zystische Fibrose als Beispiel für eine autosomal rezessive Erkrankung

Definition und Klinik

„zystische Fibrose" Mukoviszidose

Die „zystische Fibrose" (bekannt auch als Mukoviszidose) ist eine genetische Stoffwechselerkrankung, bei der der Chloridtransport in den Zellen nicht funktioniert. Sie äußert sich in extremer Bildung von zähem Schleim in der Lunge und der Bauchspeicheldrüse. Bislang konnte man diese Erkrankung nur durch den Schweißtest nachweisen. Dieser Test ist jedoch ungenau und kann zu falschen Ergebnissen führen.

Üblicherweise beginnt die Erkrankung in der frühen Kindheit, doch das ist nicht bei allen Menschen der Fall.

Die zystische Fibrose zählt zu den häufigsten Erbkrankheiten und kommt bei einem von 3.000 Menschen vor. Man weiß heute, dass mehr als tausend unterschiedliche Mutationen und Sequenzvariationen das Krankheitsbild der zystischen Fibrose auslösen können.

Genetik

CFTR-Gen

Das betroffene Gen wird auch CFTR-Gen (Cystic Fibrosis Transmembrane Conductance Regulator) genannt. Lokalisiert hat man es auf Position 7q31.2, d. h. in der Region q31-q32 des langen Arms des Chromosoms 7. Bei einer der bekannten Mutationen, der Delta-F508-Mutation, fehlen drei Nukleotidbasen (ein Codon, Triplett). Das Protein wird zwar synthetisiert, aber bei Personen mit dieser Mutation fehlt an der Stelle 508 die Aminosäure Phenylalanin im CFTR-Protein. Das intakte Protein fördert in der Zellmembran den Chloridtransport zwischen Zellinnerem und Zelläußerem. Beim mutierten Protein ist dieser Transport gestört.

Die Delta-F508-Mutation ist sehr häufig und findet sich bei ca. 50–70 % aller zystischen Fibrosepatienten aus der weißen Bevölkerung. In anderen Bevölkerungen ist diese Mutation nicht so häufig. Diese Mutation kann man sehr einfach nachweisen, aber sie ist nur bei einem Teil der Patienten die Krankheitsursache. Eine komplette Mutationssuche erfordert die vollständige Sequenzierung des CFTR-Gens. Dies wird in den meisten Labors nicht durchgeführt. In der Regel werden etwa 25 Mutationen getestet.

Neue Microarray-basierte Verfahren erlauben die rasche Analyse von 40 Mutationen. Mit Hilfe derartiger Verfahren, die auf dem Hybridisierungsprinzip beruhen, können großangelegte Screeninguntersuchungen durchgeführt werden. Mit Hilfe dieser Technologien werden etwa 97 % aller Mutationen erfasst. Man muss sich aber bewusst sein, dass durch einen Gentest weder eine sichere Aussage über den Schweregrad der Erkrankung getroffen, noch sicher bestimmt werden kann, wie sich die Krankheit manifestieren wird. Daher wird in den meisten Ländern ein Bevölkerungsscreening nicht durchgeführt. Vielmehr wird die gezielte Untersuchung in Familien mit betroffenen Familienmitgliedern vorgeschlagen und empfohlen.

> Microarray-basierte Verfahren

8.1.2 Genetische Analysen bei polygenetischen Erkrankungen

Viele Krankheiten, die die Hauptursachen für Morbidität und Mortalität in der westlichen Welt darstellen, wie z. B. Herzinfarkt, Schlaganfall, immunologische Erkrankungen, neurodegenerative Erkrankungen, Tumorerkrankungen etc. haben eine genetische Komponente. Dies wurde durch Zwillingsstudien und Familienanalysen herausgefunden.

Allerdings sind all diese Erkrankungen multifaktoriell, und es sind an ihrer Entstehung und Ausprägung mehrere genetische Faktoren und externe Faktoren (Ernährung, Bewegung, Rauchen etc.) beteiligt. Die genetischen Veränderungen sind zwar wichtig, einzelne Mutationen sind aber niemals allein ausschlaggebend für die Manifestation des klinischen Krankheitsbildes. Da umfangreiche Untersuchungen für einzelne genetische Veränderungen jedoch klar den Zusammenhang zwischen Mutation und Risikoerhöhung für die Erkrankung bei Vorliegen externer Risikofaktoren gezeigt haben, ist es sinnvoll, bestimmte Personen auf entsprechende genetische Varianten zu testen.

> multifaktorielle Erkrankungen genetische Faktoren externe Faktoren

Mutation im Gerinnungs-Faktor-V

Eine der bestuntersuchten genetischen Varianten ist eine Mutation im Gerinnungs-Faktor-V (Austausch von G > A an Nukleotidposition 1691). Die Mutation im Faktor-V-Gen führt zur Entstehung eines neuen, pathologisch veränderten Proteins, das nach dem Ort seiner Entdeckung, der holländischen Stadt Leiden, als F-V Leiden bezeichnet wird. Dieses abnormale Protein (Faktor-V Leiden-Protein) ist mit einem erhöhten Thromboserisiko assoziiert. Durch externe Faktoren, wie die Einnahme der Pille, durch Rauchen oder durch Hormonersatztherapie wird das Risiko, das die Mutation selbst vermittelt, signifikant erhöht. Der Nachweis der Mutation ist daher besonders bei Frauen, die aus Familien mit erhöhter Thromboseneigung kommen, sinnvoll.

F V Leiden

Nachweis der Faktor-V Leiden-Mutation

LightCycler® Analyse

In vielen Labors wird die Analyse heute mit einer zertifizierten PCR-Methode am LightCycler® durchgeführt (siehe Abb. 104). Der Faktor-V Leiden-LightCycler® Kit erlaubt den Nachweis der Punktmutation G > A an Nukleotidposition 1691 des humanen Faktor-V-Gens. Die Mutation verursacht einen Austausch der Aminosäure Arginin (Arg, R) an Codon 506 durch die Aminosäure Glutamin (Gln, Q). Die Mutation findet sich mit einer Häufigkeit von ca. 5 % in der weißen Bevölkerung und ist mit einem erhöhten Thromboserisiko assoziiert. Für die Untersuchung verwendet man DNA, die aus peripherem Patientenblut isoliert wird. Mit Hilfe der PCR werden Abschnitte des Faktor-V-Gens amplifiziert. Durch Hybridisierung mit Fluoreszenz-markierten spezifischen Sonden wird die Genotypisierung der amplifizierten Faktor-V-DNA ermöglicht.

8.2 Molekularbiologische Untersuchungen bei Krebserkrankungen

Molekulare Ursachen von Krebserkrankungen

Nach heutigem Wissensstand sind Tumore das Ergebnis genetischer Veränderungen, die sich im Rahmen eines Mikroevolutionsprozesses in einzelnen Zellen anreichern, und die Störung grundlegender zellulärer Prozesse, insbesondere die der Zellteilungsregulation, bedingen. Bei der Transformation einer normalen Zelle in eine Tumorzelle sind genetische Elemente betroffen, welche das Zellwachstum, die Zellvermehrung (Proliferation) oder den Zelltod (Apoptose) kontrollieren.

Durch den Ausfall von DNA-Reparatursystemen sowie Störungen der DNA-Synthese und von Kontrollsystemen der Segregation können sich nach den Zellteilungen der Tumorzellen mehrere genetische Veränderungen ansammeln, darunter Sequenzänderungen sowie Translokationen, Deletionen und Amplifikationen von Genen, Chromosomenabschnitten oder ganzen Chromosomen. Die involvierten Gene ziehen eine Fehlsteuerung in den Zellteilungsprozessen nach sich, und bestimmen damit die Charakteristik, Aggressivität und Therapierbarkeit von Tumoren. Die Erkenntnisse der molekularen Medizin über solche Veränderungen werden heute für Diagnose, Prognose sowie Design patientenspezifischer Therapien genutzt. Unverzichtbare Voraussetzung dafür ist, dass die eingesetzten analytischen Methoden hohe Sensitivität, Genauigkeit und Zuverlässigkeit aufweisen.

Ansammlung von genetischen Veränderungen

Fehlsteuerung in Zellteilungsprozessen

Die an der Tumorentstehung beteiligten Gene lassen sich in zwei Gruppen einteilen:
• (Proto-)Onkogene
• Tumorsuppressorgene

Während (Proto-)Onkogene positive Regulatoren von Wachstum und Proliferation darstellen, handelt es sich bei den Tumorsuppressorgenen um die negativen Regulatoren, welche die Wachstums- und Proliferationsprozesse stoppen oder die Apoptose initiieren. Die Tumortransformation kann durch eine fehlerhafte Aktivität bzw. einen Funktionsgewinn (*„gain of function"*) eines (Proto-)Onkogens bedingt sein, welches dann als „Onkogen" bezeichnet wird, oder durch den Funktionsverlust (*„loss of function"*) eines Tumorsuppressorgens, bzw. durch eine Kombination von beidem.

Funktionsgewinn

Funktionsverlust

Onkogene

(Proto-)Onkogene kodieren meist für Proteine in Signaltransduktionswegen, deren Aktivierung letztlich die Zellproliferation anregen. Beispiele für (Proto-)Onkogene sind Wachstumsfaktoren (z. B. *sis, hst*), Rezeptor-Tyrosin-Proteinkinasen (z. B. *EGFR, HER-2/neu, bcr/abl*), membrangebundene G-Proteine (z. B. *Ras, LCK*), Transkriptionsfaktoren (z. B. *myc, fos, jun*) und die Gene für Cyclin-D-verwandte Proteine, welche den Zellzyklus regulieren.

(Proto-)Onkogene

Es gibt viele mögliche Ursachen für den Funktionsgewinn von (Proto-)Onkogenen:
• den Verlust einer regulatorischen, normalerweise inhibitorischen Domäne,
• eine Sequenzmutation innerhalb einer solchen Domäne,
• die durch eine Translokation verursachte Kombination mit einer aktivierenden Domäne
• oder die Überexpression.

Der Grund für eine Überexpression kann dabei entweder die veränderte Transkriptionsaktivität oder die Amplifikation des Gens selbst bzw. eine Kombination aus beiden sein.

Tumorsuppressorgene

Tumorsuppressor-gene

Tumorsuppressorgene kodieren für Produkte, welche die Zellproliferation inhibieren. Ihr Funktionsausfall, z. B. in Folge einer Mutation oder eines Genverlusts, begünstigt die unkontrollierte Zellteilung. Phänotypisch relevant ist meistens nur der Funktionsverlust beider Allele einer Zelle, da das verbleibende, intakte Allel die regulatorische Funktion meist aufrechterhalten kann.

Der Funktionsverlust von Tumorsuppressorgenen kann durch Mutationen sowie durch Allelverluste, letztere infolge von Segregationsfehlern, Deletionen, Rekombinationen oder Genkonversionen verursacht sein. Die Bedeutung negativ regulatorischer Gene bei der Krebsentstehung wurde bereits Ende der 1960er Jahre entdeckt.

8.2.1 Hereditäre (erbliche) Krebserkrankungen

Retinoblastome

Das erste humane Tumorsuppressorgen, *RB1*, wurde 1971 beschrieben. Es ist an der Ausbildung von Retinoblastomen beteiligt, die in belasteten Familien, d. h. mit einer erblich bedingten Prädisposition zur Ausbildung von Retinoblastomen, schon im frühen Kindesalter auftreten. Die sporadische Form ist weitaus seltener (etwa 1:12.000). Während somatische Mutationen in einer intakten Kopie des *RB1*-Gens bei gesunden Menschen rezessiv sind, haben sie bei familiär belasteten Menschen eine „dominante" Wirkung. Familiär belastete Menschen erben eine defekte Kopie des Gens, welches durch eine Mutation funktionslos gemacht oder verloren wurde, und besitzen nur eine intakte Kopie des Gens. Der Ausfall der einzigen intakten Kopie des Gens in einer beliebigen Zelle der Netzhaut führt dann dazu, dass sich ein Retinoblastom entwickeln kann. Demgegenüber ist es in einer Zelle mit zwei intakten *RB1*-Kopien vergleichsweise unwahrscheinlich, dass infolge spontaner Mutationsereignisse beide *RB1*-Kopien ausfallen.

Tumorsuppressor-gen *p53*

Das am häufigsten in Tumoren deletierte oder mutierte Tumorsuppressorgen ist *p53*. Nachgewiesen wurde sein Genprodukt erstmals 1979 in SV40-infizierten (infiziert mit Simian Virus) und neoplastischen Zellen, in denen es mit dem SV40 *Large T-Antigen* komplexiert vorlag. Später stellte sich heraus, dass das Genprodukt, das *p53*-Protein, die transformierende Wirkung vieler Onkogene supprimiert, weshalb es als Tumorsuppressor eingestuft wurde. Der

Funktionsverlust von *p53*, der üblicherweise durch Punktmutationen verursacht wird, bewirkt eine drastisch gesteigerte genetische Instabilität sowie den Verlust der Fähigkeit, bei DNA-Schädigungen das Zellwachstum und die Zellteilung zu stoppen bzw. die Apoptose (programmierter Zelltod) einzuleiten. Das *p53*-Protein kontrolliert den Zellzyklus-Kontrollpunkt am Übergang von der G0/G1- in die S-Phase, der für den Erhalt der Genomintegrität wesentlich ist.

Funktionsverlust von *p53*

Im Jahr 1990 wurde ein weiteres wichtiges „Krebsgen" entdeckt, welches mit einem erhöhten Risiko für erblichen Brustkrebs assoziiert ist. Das unter dem Namen BRCA1-Gen bekannt gewordene Brustkrebsgen liegt auf Chromosom 17q. Seit 1994 kennt man die Nukleotidstruktur dieses Gens und seine Aminosäuresequenz. In diesem Gen hat man bis heute schon über 100 verschiedene Mutationen identifiziert, die alle die Funktion des Proteins verändern können. Die meisten der relevanten Mutationen führen zu einem verkürzten, funktionsunfähigen Protein. Diagnostisch bedeutsam ist, dass 35 % aller Veränderungen durch fünf Mutationen verursacht werden. Dies hängt zum Teil damit zusammen, dass einzelne Mutationen in bestimmten Bevölkerungsgruppen besonders häufig auftreten, was zum Teil durch häufige Verwandtenehen zu erklären ist. Auch im BRCA1-Gen können aber immer wieder neue, bisher nicht beschriebene Mutationen gefunden werden. Umfangreiche Untersuchungen haben gezeigt, dass Mutationen im BRCA1-Gen für 45 % aller familiären Brustkrebserkrankungen verantwortlich sind. Es muss an dieser Stelle aber darauf hingewiesen werden, dass nur ca. 5 % aller Brustkrebserkrankungen familiär bedingt sind. Bei 95 % handelt es sich um so genannte sporadische Erkrankungen. Mutationen im BRCA1-Gen führen zu einer deutlichen Erhöhung des Brustkrebsrisikos. Bis zum 75. Lebensjahr erkranken 85 % aller Mutationsträgerinnen.

BRCA1-Gen

Neben dem BRCA1-Gen sind auch noch Veränderungen in anderen Genen für ein erhöhtes Brustkrebsrisiko verantwortlich. So wurde im Jahr 1995 das BRCA2-Gen, welches am Chromosom 13q liegt, kloniert. Mutationen in diesem Gen sind wahrscheinlich für 40 % aller familiären Brustkrebserkrankungen verantwortlich.

BRCA2-Gen

Da, wie ausgeführt, mehrere Mutationen in verschiedenen Genen mit familiärem Brustkrebs assoziiert sein können, ist es erforderlich, zunächst die krankheitsrelevante Veränderung in der DNA der erkrankten Person zu detektieren, bevor eine Prädispositionsuntersuchung bei den Familien-Angehörigen durchgeführt werden kann.

8.2.2 Molekularbiologische Untersuchungen bei erworbenen Tumorerkrankungen

Chronisch myeloische Leukämie (CML) als Beispiel

Die chronisch myeloische Leukämie ist eine Erkrankung der Blut-Stammzellen, die durch eine exzessive Vermehrung myeloischer Zellen gekennzeichnet ist. In den CML-Zellen findet sich eine spezifische Translokation, t(9;22), welche das *bcr/abl*-Onkogen generiert. Das entsprechende Onkoprotein (= *bcr/abl*) weist eine unregulierte, ständig (konstitutiv) exprimierte Tyrosinkinaseaktivität auf und fördert Wachstum und Überleben der CML-Zellen. Aus klinischer Sicht unterscheidet man drei Krankheitsphasen: die chronische Phase (CP), die akzelerierte Phase (AP) und die Blastenphase (BP), welche einer akuten Leukämie entspricht. Die Progression zur AP und BP ist durch das Auftreten zusätzlicher genetischer Defekte gekennzeichnet, welche mit *bcr/abl* kooperieren und zur Therapieresistenz führen. Die Prognose der CML ist unterschiedlich und hängt von der Krankheitsphase, dem Alter und dem Ansprechen auf Therapie ab. Die einzige derzeit verfügbare kurative Therapie ist die Knochenmarktransplantation, bei der das Knochenmark des Patienten durch gesundes Knochenmark eines Spenders ersetzt wird. Für Patienten, die nicht transplantiert werden können, stehen heute neue und potente anti-leukämische Substanzen, wie der *bcr/abl*-Tyrosinkinase-Inhibitor STI-571 (Gleevec®, Imatinib®), Interferon alpha oder palliative Medikamente zur Verfügung. STI-571 übertrifft alle anderen Medikamente in Bezug auf den zytogenetischen und molekularen Effekt. Zur „State of the Art"-Diagnostik der CML gehört heute neben der zytogenetischen Analytik (dem Nachweis des abnormalen Chromosoms 22, das als Philadelphia Chromosom bekannt ist, weil es in Philadelphia erstmals bei einem Patienten mit CML im Rahmen einer Chromosomenanalyse entdeckt wurde) der molekularbiologische Nachweis des *bcr/abl*-Onkogens, welcher mittels der quantitativen reversen Transkriptase PCR (qRT-PCR) durchgeführt wird (siehe RT-PCR mit interkalierenden Farbstoffen).

bcr/abl

Philadelphia Chromosom

8.2.3 Molekulargenetische Untersuchungen bei Prostatakrebs

Das Prostatakarzinom (PCa) ist der am zweithäufigsten diagnostizierte maligne Tumor und ist weltweit bei Männern eine der häufigsten Todesursachen. Derzeit wird die Diagnose in der Regel mit Hilfe einer digitalen rektalen Untersuchung und einer PSA-Bestimmung (Prostata-spezifisches Antigen) erstellt. Allerdings kann nur die Entnahme von Gewebe aus der Prostata (die sog. „Prostata-Biopsie") bei Krebsverdacht die Diagnose sicherstellen.

Gegenwärtig gibt es zwei Gründe für die Durchführung einer Prostata-Biopsie:

a) Veränderungen der Prostata („Verhärtung"), die durch eine Tastuntersuchung der Prostata vom Enddarm aus festgestellt werden;

b) ein PSA-Wert über 2,5–6,5 ng/ml je nach Alter des Patienten.

Es ist zu bedenken, dass PSA sowohl von normalen Prostatazellen als auch von Krebszellen in der Prostata gebildet wird. Ein stark erhöhter PSA-Wert bzw. eine hohe Anstiegsgeschwindigkeit des PSA-Werts weisen daher wohl auf einen bösartigen Prostatatumor hin, der PSA-Wert kann aber nicht differenzieren, ob wirklich Krebs hinter der PSA-Erhöhung steckt oder ob z. B. Entzündungen zu einer Erhöhung führten.

Auf der Suche nach Diagnose-Verfahren für Prostatakrebs wurde „PCA3" entdeckt. PCA3 ist ein Molekül, das in Krebs-Zellen der Prostata in fast 100-mal höherer Konzentration vorliegt als in normalen Zellen der Prostata. Nach Entdeckung von PCA3 wurde ein mRNA-Test entwickelt (Progensa™ PCA-Test), mit dem Prostatazellen in einer Urinprobe analysiert werden.

Das Testergebnis ist ein PCA3-Score. Je höher dieser Score ist, umso höher ist die Wahrscheinlichkeit für eine positive Biopsie. Der PCA3-Score ist im Gegensatz zum PSA vom Prostatavolumen unabhängig. Der Test kann bei der Entscheidung helfen, ob und wann eine Biopsie erfolgen soll. Dies gilt insbesondere bei Männern mit erhöhtem PSA, bei denen eine vorangegangene Biopsie „negativ" war. Eine Biopsie kann bei Vorliegen von Krebs negativ sein, wenn die Biopsie-Nadel das Krebsgewebe verfehlt hat. Oft werden in diesen Fällen erneut Prostatabiopsien empfohlen. Dies stellt eine Belastung für den Betroffenen mit möglicherweise unerwünschten Nebenwirkungen dar, denn die Prostatabiopsie kann Schmerzen, Blutungen und Infektionen verursachen, und vermehrte Biopsien können auch kleine Karzinome sichtbar machen, die eigentlich keine Behandlung erfordern würden.

Der PCA3-Test kann als Entscheidungshilfe für die Durchführung einer Biopsie herangezogen werden kann. Das Ergebnis des PCA3-Tests korreliert sowohl mit dem zu erwartenden Ergebnis einer Biopsie, als auch mit der Signifikanz eines eventuell vorhandenen Prostata-Karzinoms; ein niedriger PCA3-Score spricht eher gegen das Vorliegen eines Prostatakarzinoms. Die Sensitivität des PCA3-Tests betrug in verschiedenen Patientenkollektiven etwa 57 % bei einer Spezifität von 73 %. Der negative Vorhersagewert ist mit 84 % dem freien PSA deutlich überlegen.

Der Progensa™ PCA3-Test ist kein Ersatz für die Biopsie! Er hilft jedoch bei der Entscheidung, ob und wann eine Biopsie erfolgen soll. Dies gilt besonders für Männer mit erhöhtem PSA, bei denen eine vorangegangene Biopsie unauffällig war.

8.3 Pharmakogenetik

Zusammenhang zwischen DNA-Variationen und Wirkungsweise und Verstoffwechslung von Medikamenten

Der Begriff Pharmakogenetik wurde 1959 von dem in Heidelberg tätigen Humangenetiker Friedrich Vogel geprägt. Pharmakogenetische Untersuchungen haben das Ziel, die Zusammenhänge zwischen genetischen Variationen der DNA (Polymorphismen) und der Wirkungsweise und Verstoffwechslung von Medikamenten oder anderen dem Körper zugeführten Wirkstoffen zu erheben und aufzuklären. Die Analyse genetischer Faktoren basiert auf dem Wissen, dass es große individuelle Unterschiede auf das Ansprechen auf Medikamente gibt, die unter anderem mit der genetischen Anlage einer Person zusammenhängen. Daneben spielen natürlich Faktoren wie Alter, Geschlecht, Diät, Rauchverhalten, Alkoholkonsum, zusätzliche Medikationen und Co-Morbidität eine wichtige Rolle. Viele der individuellen Differenzen spiegeln sich auch in der Pharmakokinetik wider, wie z.B. das Fließgleichgewicht oder die biologische Halbwertszeit eines Wirkstoffs. Der große Unterschied zwischen Pharmakogenetik und Pharmakokinetik besteht jedoch darin, dass genetische Untersuchungen bereits vor der Gabe eines Wirkstoffs einen Rückschluss auf dessen mögliche Wirksamkeit und etwaige Nebenwirkungen zulassen können. Pharmakogenetische Untersuchungen haben daher auch Eingang in die medizinische Labordiagnostik gefunden. Einige genetische Faktoren, die das individuelle Ansprechen auf Medikamente beeinflussen, sind schon länger bekannt, wie z. B. Polymorphismen in Enzymen, die Medikamente verstoffwechseln (z. B. Enzyme aus der Cytochrom P450 Gruppe).

Variationen in Cytochrom P450 Gruppe

Variationen innerhalb der CYP-Gene können sich in unterschiedlichen Enzymaktivitäten ausdrücken und dadurch zu unterschiedlichen Metabolisierungen von bestimmten Medikamenten führen. Dies hat mannigfache Effekte zur Folge, die bei bestimmten Medikamenten von besonderer Bedeutung sein können, sowohl was die Dosis der Verabreichung, als auch das Auftreten von Nebenwirkungen bei üblicherweise als „Normaldosis" bezeichneter Medikamentengabe betrifft. Wichtige und gut untersuchte Genveränderungen

CYP 2D6, CYP 2C19, CYP 2C9

betreffen SNPs (single nucleotide polymorphisms) innerhalb der CYP-Gen-Familie (CYP 2D6, CYP 2C19, CYP 2C9), der UPD-Glucuronosyl-Transferase und der Thiopurin S-Methyltransferase.

Polymorphismen in den Genen CYP 2D6 spielen beispielsweise in der Medikation mit Antipsychotika und Antidepressiva eine wichtige Rolle, Varianten des CYP 2C19 sind bei der Behandlung mit Clopidogrel relevant und Varianten in CYP 2C9 kommt eine große Bedeutung in der Antikoagulationstherapie mit Warfarin zu.

Derzeit werden die genetischen Informationen im Klinikalltag allerdings noch nicht auf breiter Basis eingesetzt.

9 Standardisierung molekular-genetischer Methoden

Qualitätskontrolle

Wie schon ausgeführt, ist neben der Teilnahme an externen Qualitätssicherungsprogrammen eine gute interne Qualitätskontrolle von großer Bedeutung. Zur internen Qualitätskontrolle werden üblicherweise Proben von Patienten mit bekannten Mutationen (Normalvariante, heterozygote Mutationsträger, homozygote Mutationsträger) mitgeführt. Diese Kontrollen werden wie Proben von Patienten behandelt und bei jedem Testlauf wird neue DNA verwendet. Da Patientenmaterialien nur in beschränktem Ausmaß verfügbar (man kann einem kranken Menschen nicht unbegrenzt Blut abnehmen) und nicht jedem Labor in ausreichender Menge zugänglich sind, wurde von der Europäischen Union die Produktion zertifizierter Referenzmaterialien initiiert. Zurzeit gibt es Referenzmaterialien für den Nachweis der Faktor-V Leiden-Mutation sowie die Prothrombin G20210A-Mutation, die von der WHO zertifiziert wurden. Ein weiteres Referenzmaterial für die Detektion der Prothrombinmutation wurde im Institut für Reference Materials and Measurements (IRMM) fertig gestellt. Es empfiehlt sich, in Zukunft diese Referenzmaterialien zu verwenden. Darüber hinaus wird an Referenzmaterialien für Mutationen im CFTR-Gen (Zystische Fibrose), dem Chorea Huntington-Gen und dem Hämochromatose-Gen (HFE-Gen) gearbeitet. Seit kurzer Zeit gibt es auch ein Referenzmaterial für das bcr/abl-Fusionsprodukt, welches wesentlich zur Harmonisierung der quantitativen bcr/abl-Bestimmungen beitragen wird.

Die PCR-Analyse und die Einführung anderer molekularbiologischer Techniken haben die Analyse des menschlichen Genoms revolutioniert. Die beeindruckendste Anwendung der PCR in der Genetik ist zweifellos der Nachweis von Mutationen bei angeborenen Erkrankungen. Mit Hilfe dieser Untersuchungen können bei klinisch schwierig zu diagnostizierende Erkrankungen die Diagnosen bestätigt werden. Zuverlässige Analysen zur Erhebung des Überträgerstatus können durchgeführt und pränatale Untersuchungen können angeboten werden. Neuerdings werden molekularbiologische Tests auch vermehrt zur Prädispositionsanalyse eingesetzt. Bei letzteren Anwendungen sind bestimmte gesetzliche Rahmenbedingungen zu beachten.

Prädispositions-analyse

10 Ethische und rechtliche Aspekte bei der Durchführung von Genanalysen

Rechtliche Rahmenbedingungen

In den letzten Jahren wurde in den meisten europäischen Ländern festgelegt, dass PatientInnen der Durchführung genetischer Untersuchungen zustimmen müssen. Die genauen Anforderungen sind zurzeit innerhalb der EU in nationalen Gesetzen, Verordnungen oder Leitlinien festgelegt und unterscheiden sich in den EU Mitgliedsländern. In Österreich und Deutschland gelten ähnliche Anforderungen, die hier kurz besprochen werden sollen.

Gesetze
Verordnungen
Leitlinien

Österreich

In Österreich sind die Rahmenbedingungen für genetische Untersuchungen am Menschen im Gentechnikgesetz (GTG) genau festgelegt. Das GTG regelt, für welche Untersuchungen spezielle Auflagen gelten. Das sind:

Gentechnikgesetz
(GTG)

- genetische Analysen zur Feststellung einer bestehenden Erkrankung, die auf einer Keimbahnmutation beruht,
- Analysen zur Feststellung einer Prädisposition für eine Krankheit, insbesondere für möglicherweise zukünftig ausbrechende genetisch bedingte Erkrankungen, für die eine Prophylaxe oder Therapien möglich sind,
- Analysen zur Feststellung eines Überträgerstatus,
- Analysen zur Feststellung einer Prädisposition für eine Krankheit, für welche derzeit keine Prophylaxe oder Therapien möglich sind,
- genetischen Analysen im Rahmen einer pränatalen Untersuchung.

All diese Untersuchungen dürfen nur nach Vorliegen einer schriftlichen Bestätigung der zu untersuchenden Person durchgeführt werden. Die Person muss vor der Analyse durch einen in Humangenetik/medizinischer Genetik ausgebildeten oder einen für das Indikationsgebiet zuständigen Facharzt über deren Wesen, Tragweite und Aussagekraft aufgeklärt worden sein. Erst dann darf die genetische Analyse angefordert und durchgeführt werden.

Im § 67 GTG ist geregelt, dass Arbeitgeber und Versicherungen keine Genanalysen anfordern dürfen. Es ist ihnen auch untersagt, Ergebnisse einzuholen, anzunehmen oder irgendwie zu verwerten.

Im § 68 des GTG ist geregelt, welche Labors die Genanalysen durchführen dürfen. In einem Kriterienkatalog ist festgelegt, welche Kriterien die Labors, die Genanalysen zu medizinischen Zwecken durchführen, erfüllen müssen.

In Österreich wurden mit dem Gentechnikgesetz (GTG) gute Rahmenbedingungen geschaffen, die sicherstellen, dass Patienten auf Grund der Gendiagnostik keine Nachteile haben beim Abschluss einer Kranken- oder Lebensversicherung, und auch ihren Arbeitsplatz nicht verlieren können. Weiters ist das unkontrollierte, unqualifizierte Durchführen von genetischer Diagnostik sehr erschwert.

Deutschland

In Deutschland dürfen genetische und pränatale Untersuchungen, einschließlich Reihenuntersuchungen, nur durchgeführt werden, sofern die betroffene Person frei und nach hinreichender Aufklärung zugestimmt hat. Die Zustimmung kann jederzeit widerrufen werden.

deutsches Bundesgesetz
Im deutschen Bundesgesetz über genetische Untersuchungen beim Menschen bedeuten:

- *genetische Untersuchungen*: zytogenetische und molekulargenetische Untersuchungen zur Abklärung ererbter oder während der Embryonalphase erworbener Eigenschaften des Erbguts des Menschen sowie alle weiteren Laboruntersuchungen, die unmittelbar darauf abzielen, solche Informationen über das Erbgut zu erhalten;
- *zytogenetische Untersuchungen*: Untersuchungen zur Abklärung der Zahl und der Struktur der Chromosomen;
- *molekulargenetische Untersuchungen*: Untersuchungen zur Abklärung der molekularen Struktur der Nukleinsäuren (DNA und RNA) sowie des unmittelbaren Genprodukts;
- *präsymptomatische genetische Untersuchungen*: genetische Untersuchungen mit dem Ziel, Krankheitsveranlagungen vor dem Auftreten klinischer Symptome zu erkennen, mit Ausnahme der Untersuchungen, die ausschließlich zur Abklärung der Wirkungen einer geplanten Therapie dienen;
- *pränatale Untersuchungen*: pränatale genetische Untersuchungen und pränatale Risikoabklärungen;
- *pränatale genetische Untersuchungen*: genetische Untersuchungen während der Schwangerschaft zur Abklärung von Eigenschaften des Erbguts des Embryos oder des Fötus;
- *pränatale Risikoabklärungen*: Laboruntersuchungen, die Hinweise auf das Risiko einer genetischen Anomalie des Embryos oder

des Fötus geben, sowie Untersuchungen des Embryos oder des Fötus mit bildgebenden Verfahren;

- *Untersuchungen zur Familienplanung:* genetische Untersuchungen zur Abklärung eines genetischen Risikos für künftige Nachkommen;
- *Reihenuntersuchungen:* genetische Untersuchungen, die systematisch der gesamten Bevölkerung oder bestimmten Personengruppen in der gesamten Bevölkerung angeboten werden, ohne dass bei der einzelnen Person ein Verdacht besteht, dass die gesuchten Eigenschaften vorhanden sind;
- *genetische in vitro-Diagnostika:* verwendungsfertige Erzeugnisse zum Nachweis von Eigenschaften des Erbguts

Genetische Untersuchungen bei kriminalpolizeilichen Erhebungen sind im GTG nicht geregelt. Diese Untersuchungen, die ja nicht aus medizinischen Gründen durchgeführt werden, unterliegen anderen Gesetzen.

Ethische Aspekte

Mit der Einführung von Genanalysen wurden neue Möglichkeiten zur direkten Untersuchung der Erbsubstanz DNA und der Chromosomen in unterschiedlichsten biologischen Substanzen geschaffen. Dies hat zu signifikanten Verbesserungen im medizinisch-diagnostischen Instrumentarium geführt. Da die DNA in allen kernhaltigen Körperzellen (z. B. in weißen Blutkörperchen, Mundschleimhaut, Haarwurzeln, Urin etc.) vorhanden ist, ist die Gewinnung des Untersuchungsmaterials relativ einfach.

Bei frühzeitiger Erkennung schwerer angeborener Erkrankungen kann man therapeutische Maßnahmen setzen, die dazu beitragen, dass es gar nicht zum Ausbruch der Krankheit bzw. zu schweren Schäden durch die Erkrankung kommt. Beispiele dafür sind Stoffwechselerkrankungen, wie z. B. die Phenylketonurie oder Morbus Wilson. Bei diesen Krankheiten tragen rechtzeitig gesetzte Diätmaßnahmen dazu bei, dass ein Kind, welches die Erkrankung geerbt hat, keine oder nur milde Krankheitssymptome ausbildet, d. h. trotz der genetischen Anlage de facto gesund bleibt.

Die genetische Analyse ermöglicht es, nicht nur Anlagen für Erkrankungen festzustellen, sondern innerhalb einer Patientengruppe auch bestimmte Subgruppen zu unterscheiden, und für die jeweilige Patientensubgruppe maßgeschneiderte Behandlungsformen auszuwählen. Die Möglichkeit der gezielten Therapiewahl ist ohne Zweifel ein großer Fortschritt für die Patienten. Allgemein bezeichnet man diese Anwendung der Gentechnik als Pharmakogenetik – die

Vorhersage des Ansprechens auf Medikamente aufgrund genetischer Merkmale.

Obwohl man heute mittels Gentests die Anlage für zahlreiche Erkrankungen lange vor deren klinischer Manifestation erkennen kann, ist es derzeit in den meisten Fällen nur möglich, Wahrscheinlichkeiten zu ermitteln, ob bei einem Träger einer Mutation die Erkrankung tatsächlich zum Ausbruch kommen wird oder nicht. Soweit man es derzeit abschätzen kann, wird dies wahrscheinlich auch in Zukunft so bleiben, da nicht anzunehmen ist, dass alle möglichen genetischen Faktoren und alle externen Faktoren in mathematischen Rechenmodellen zu 100 % berücksichtigt werden können. Die Wahrscheinlichkeit zu erkranken kann höher oder niedriger sein, abhängig von zusätzlichen Vorbeugungsmaßnahmen wie richtige Ernährung, Bewegung oder Einhaltung von Vorsorgemaßnahmen.

Es ist jedoch einleuchtend, dass die Chancen auf Krankheitsvermeidung umso größer sind, je früher man ein Krankheitsrisiko erkennen und richtig einschätzen kann. Die Entwicklung aussagekräftiger Gentests, angewandt unter den richtigen Rahmenbedingungen, wird mit hoher Wahrscheinlichkeit zur besseren Gesundheitsvorsorge der Zukunft beitragen.

Trotz der positiven Möglichkeiten führt die Erkennung von Anlagen für eine Erkrankung lange vor dem Ausbruch der Symptome immer wieder zur Angst vor Diskriminierung. Es wird befürchtet, dass genetische Untersuchungsergebnisse bei Personalentscheidungen bzw. beim Zugang zu einer Kranken- oder Lebensversicherung herangezogen werden könnten und zu Ausgrenzung einzelner Personen bzw. Gruppen führen könnten. Diese Gefahr kann durch **Datenschutz Verschwiegenheitspflicht** Datenschutz und Verschwiegenheitspflicht minimiert werden. Außerdem weiß man heute, dass Gentests keine deterministische Aussagekraft haben. Selbst wenn man bei einer Person eine genetische Veränderung oder ein genetisches Merkmal findet, bedeutet dies nicht, dass diese Person mit Sicherheit erkrankt. Ein genetisches Merkmal stellt nur einen Wahrscheinlichkeitsfaktor für die Anlage zu einer Krankheit dar. Die Wahrscheinlichkeit kann bei einzelnen Menschen größer oder kleiner sein.

Anwendungsmöglichkeiten genetischer Tests In vielen Ländern besteht heute eine sehr positive Haltung der Bevölkerung gegenüber genetischen Untersuchungen, weil sie viele Möglichkeiten und Chancen bieten. Die breiten Anwendungsmöglichkeiten genetischer Tests haben zu einem erhöhten Interesse der Öffentlichkeit geführt und zur Diskussion verschiedener ethischer Fragen beigetragen. Auf Basis der öffentlichen Diskussion wurden Empfehlungen und Richtlinien erarbeitet. In manchen Ländern wurden einzelne Aspekte der Genanalyse auch gesetzlich geregelt. Eine internationale Harmonisierung der Richtlinien ist bisher aber nur in begrenztem Umfang erfolgt.

Interessanterweise wurden manche Themen wenig diskutiert, und verschiedene Fragen wurden bisher national und international nicht methodisch aufgearbeitet. Auch existierende ethische Empfehlungen und Modelle wurden bisher keiner systematischen Beurteilung unterzogen. Die national oder international verfügbaren Richtlinien stellen ohne Zweifel ein wertvolles Instrumentarium für klinische Genetiker dar. Zur Lösung ethischer Fragen in der täglichen Praxis bieten sie aber meistens nur eine begrenzte Hilfe.

In der Folge sollen einige Fragen aufgelistet werden, für die individualisierte Entscheidungen meistens von Nöten sind, selbst wenn es dafür Empfehlungen oder Richtlinien gibt.

- *Was/Wen soll/darf man einem prädiktiven genetischen Test unterwerfen?*

  Von einer Katalogisierung von Krankheiten, bei denen prädiktive genetische Untersuchungen durchgeführt werden können, wird in den meisten Regelwerken Abstand genommen. Sie ist auch nicht sinnvoll, da die Kenntnisse einem ständigen Wandel unterworfen sind. Eine Katalogisierung könnte vielmehr zu unerwünschten Wertungen in der Gesellschaft führen.

- *Sollen prädiktive Tests nur bei behandelbaren Erkrankungen durchgeführt werden?*

  Auch diese Frage ist nicht allgemein zu regeln. Prädiktive Tests bieten die Möglichkeit, dass sich Betroffene trotz einer genetischen Belastung mit einer nicht therapierbaren Erkrankung vor schweren Krankheitsfolgen schützen können, dass sie möglicherweise eigene gesunde Kinder haben bzw. sich auf erkrankte Nachkommen vorbereiten können.

Grundsätzlich greift die Genanalyse in die Intimsphäre einer Person ein und rührt an dem allgemeinen Persönlichkeitsrecht unter dem Aspekt der informationellen Selbstbestimmung. Kraft des Grundrechts kann eine Person vom Staat daher verlangen, dass Eingriffe Dritter (z. B. von Verwandten, Dienstgebern, Versicherungsunternehmen) unterbunden werden. Wenn überhaupt der Zugriff Dritter statthaft ist, bedarf er der grundrechtlichen Rechtfertigung.

klinische Praxis
Lösung ethischer
Fragen

11 Biobanken

Die Forschung unter Verwendung personenbezogener Daten und körpereigener Materialien (Gewebe, Blut, Zellen etc.) hat in den letzten Jahren einerseits durch die Möglichkeiten genetischer Untersuchungen, und andererseits durch verbesserte Informationsverarbeitungssysteme eine massive Erweiterung erfahren. Zentrale Voraussetzung für diese Art der Forschung sind Biobanken. Eine Biobank wird definiert als „Einrichtung zur Speicherung von Materialien, die dem menschlichen Körper entnommen wurden". Biobanken sind Sammlungen von Proben menschlicher Körpersubstanzen (z. B. Zellen, Gewebe, Blut, andere Körperflüssigkeiten), die mit personenbezogenen Daten verknüpft sind.

Biobanken sind essentielle Quellen zur Erforschung der Ursachen von Krankheiten sowie für die Entwicklung neuer Diagnostika und Medikamente. Der Großteil der heute verfügbaren Biobanken sind kleine, meist auf bestimmte Krankheiten bezogene Sammlungen, welche hunderte bis einige tausend Proben von Spendern umfassen. Durch die neuen Methoden der Bioinformatik, welche es ermöglichen, medizinische Daten und Informationen über den Probenspender mit genetischen oder biochemischen Daten zu verknüpfen, ist der Informationsgehalt der Biobanken wesentlich gestiegen und auch die Verbreitung dieser Daten leichter geworden.

In einigen Staaten sind derzeit große bevölkerungsbezogene Biobanken in Vorbereitung, die neben der Erforschung einzelner Krankheiten die Bearbeitung eines breiten Spektrums gesundheitsrelevanter Fragestellungen ermöglichen.

Sowohl öffentlich-rechtliche Träger, etwa Universitätsinstitute, als auch private Träger, z.B. Unternehmen der pharmazeutischen Industrie oder Einzelpersonen, können Biobanken haben. Die Finanzierung kann unabhängig von der Trägerschaft aus öffentlichen oder privaten Mitteln erfolgen. Biobanken können aus unterschiedlichen Interessen angelegt und/oder genutzt werden, z. B. aus rein wissenschaftlichen Interessen, aus dem Interesse der Spender an der Entwicklung von Therapien für die eigene Krankheit (etwa bei Selbsthilfegruppen) und/oder aus kommerziellen Interessen.

Biobanken sind nichts grundsätzlich Neues. Systematische Sammlungen menschlicher Körpermaterialien gibt es seit Beginn der wissenschaftlichen Medizin. Viele entstanden im Rahmen der medizinischen Diagnostik. Eine der größten Sammlungen dieser Art sind zweifellos die Blutproben, die im Rahmen des Neugeborenen-Screenings gewonnen werden. Allerdings kommen diese Sammlungen

Biobanken (margin note)

Erforschung von Krankheitsursachen (margin note)

Entwicklung neuer Diagnostika und Medikamente (margin note)

nur bedingt als Biobank für die medizinische Forschung in Betracht, da Qualität und Menge der einzelnen Probe – es handelt sich um getrocknete Bluttropfen – begrenzt sind. Bedeutsamer sind Sammlungen, die in Universitätsinstituten für Pathologie von Gewebeproben angelegt werden, die z. B. bei Obduktionen entnommen oder für Untersuchungen zum Zweck der Diagnostik von Erkrankungen eingeschickt worden sind. Auch in der Labordiagnostik werden nicht verbrauchte Blutproben öfters aus wissenschaftlichen Gründen aufbewahrt (eingefroren).

Universitätsinstitute, denen Blutproben für die genetische Diagnostik zugesandt werden, verwahren die verbliebenen DNA-Proben einerseits zum Zweck späterer Diagnostik von Familienangehörigen, andererseits aus wissenschaftlichen Gründen. Auf diese Weise sind in vielen Forschungseinrichtungen im Laufe von Jahrzehnten sehr umfangreiche Biobanken herangewachsen, die für die Forschung genutzt werden können. Die Information über Gesundheitsdaten der Spender ist dabei unterschiedlich gut.

Während Biobanken, die für die Forschung angelegt werden, alle gesammelten Materialien und die dazugehörigen Gesundheitsdaten anonymisieren, sodass ein Zusammenhang zwischen Probenspender und genetischem Material nicht hergestellt werden kann, sind Proben, die aus diagnostischen Gründen aufbewahrt werden, in der Regel nicht anonymisiert. Ein großer Teil unseres gegenwärtigen medizinischen Wissens ist mit Hilfe solcher Sammlungen entstanden.

Die medizinische Forschung setzt große Hoffnungen auf Biobanken, weil sie eine wichtige Rolle für die Aufklärung der Ursachen von Krankheiten sowie für die Entwicklung diagnostischer, präventiver und therapeutischer Methoden und Anwendungen spielen können.

medizinische Forschung

Nutzen verspricht man sich vor allem bei der Bekämpfung der so genannten Volkskrankheiten, wie Herz-Kreislauferkrankungen (z. B. Bluthochdruck, koronare Herzkrankheit), Stoffwechselstörungen und Hormonerkrankungen (z. B. Diabetes und Osteoporose) und Krebs sowie für Erkrankungen des Nervensystems (z. B. Multiple Sklerose, Morbus Parkinson, Muskeldystrophien, Schizophrenie), Infektions- und Immunerkrankungen (z. B. Rheuma, Neurodermitis, Tuberkulose, Allergien).

Ein wichtiger Aspekt von Biobanken ist, dass an den aufbewahrten Proben zu späteren Zeitpunkten medizinisch-molekulargenetische Untersuchungen für den/die SpenderIn durchgeführt werden können, und Erkrankungen auch viele Jahre nach ihrem Auftreten noch mit modernsten Diagnoseverfahren untersucht werden können.

Dies eröffnet die Möglichkeit, dass der/die SpenderIn stets an den neuesten Entwicklungen im medizinischen Bereich teilhaben und eine optimale Diagnose und/oder Therapie erhalten kann.

Biobanken stellen auch eine wichtige Grundlage für die Entwicklung von Medikamenten dar, die auf die Besonderheiten von Patienten oder bestimmte Krankheiten zugeschnitten werden können (Pharmakogenetik, Pharmakogenomik).

Medizinische Forschungen, die auf Biobanken zurückgreifen müssen, finden in der Regel in einem internationalen Kontext statt, sodass länderübergreifende Regelwerke erforderlich sind. An diesen wird derzeit gearbeitet (Richtlinien der EU, der UNESCO, der WHO etc.)

Weiterführende Literatur

B. Lewin: Genes XIII, Prentice Hall Verlag, 2003

B. Alberts et al., Molecular Biology of the cell, 4. Auflage, Garland Verlag, 2002

C. R. Calladine et al., Understanding DNA, 3. Auflage, Elsevier Verlag, 2004

T. D. Pollard & W. C. Earnshaw, Cell Biology, Saunders Verlag, 2004

J. D.Watson et al., Molecular Biology of the Gene, 5. Auflage, Benjamin Cummings Verlag, 2003

Index

3'-Ende 45
5'-Ende 45

Aberrationen
   numerische A. 109
   strukturelle A. 109f.
Adenin (A) 45f.
Agarose Gelelektrophorese 126,
   130, 134
Agarosegele 125
Agarose-Konzentration 126
A-Helix 50
Akzeptorsonde 184
Algorithmen 169
Allele 55, 176
Allelotypisierung 157
Aminosäuresequenz 94
Amplifikationen 140ff.
   A. von Genen 191
Amplifikationseffizienzen 146f.
Analyse der DNA 120ff., 181ff.
Analysen, genetische 189f.
Anaphase 65
Anfärbung von Nuklein-
   säuren 128f.
Annealing 48, 141ff.
Anode 125
Antibiotikum 117, 119.
Anti-Codon 97
Antikörperbildung
   Risiko zur A. 186
antisense strand 76
Anwendungsmöglichkeiten gene-
   tischer Tests 202
Apoptose 57, 72f., 190f.
Äquivalenzpunkt 147
Archaebakterien 29
Auffindung von Genen 169
Aufklärung 200
Auflösungsvermögen 125, 128
Ausprägungsformen 176
Auswertung der Ergebnisse 131
   automatisierte A. 155
   qualitative A. 131
   semiquantitative A. 131
Autosomen 109
Autosomenpaare 109

Bandenintensität 131
Basenabfolgen 174
Basensequenz, spezifische 122
Basentriplett 95
bcr/abl-Onkogen 194
bcr/abl-Tyrosinkinase-Inhibi-
   tor 194
B-Helix 48f.
Biobanken 16f., 204ff.
   bevölkerungsbezogene B. 204
Bioinformatik 169, 204
Blotting 137f.
blue print 174
„blunt" Enden 122f.
Bluterkrankheit 178, 185
Blutproben 204
Blutzellen 72, 114
Boten-RNA (mRNA) 91
BRCA1-Gen 193
   Mutationen 193
BRCA2-Gen 193
Bromphenolblau 128
Brustkrebserkrankungen, fami-
   liäre 193
Brustkrebsgen 193

CAAT-Box 78
Capping 87
cDNA 163ff.
   gebundene cDNA 167
   markierte cDNA 167f.
      Hybridisierung 167
cDNA-Synthese 163ff.
Centriolen 31
CFTR-Gen 188
Chips, molekularbiologische 167
Chloroplasten 31, 41
Chromatiden 53f.
Chromatin 52f.
Chromosomen 36, 51ff., 173
Chromosomenanalyse 109ff.
Chromosomensatz 36
Chromosomenverände-
   rungen 176
chronisch myeloische Leukämie
   (CML) 194
   akzelerierte Phase 194
   Blastenphase 194

chronische Phase 194
CML 194
Codons 95f.
complementary DNA 74
Core-Oktamer 51
cRNA, markierte 167
   Hybridisierung 167
Cycle-Sequencing 152f.
   Auswertung 152
   Cycle-Sequencing-Methode 153
Cytosin (C) 46

Datenbanken 169
Datenschutz 202
ddATP 151
ddCTP 151
ddGTP 151
ddNTP (dideoxy-Nukleosidtri-
   phosphat) 151
ddTTP 151
Degeneration 95
Deletionen 186, 191f.
Delta-F508-Mutation 188f.
Denaturierung 48, 132, 140f.
Desoxyribonukleinsäure 20, 23f.,
   36, 43
Desoxyribose 43, 45
Detektion 130, 134, 136ff.
Deutsches Bundesgesetz 200
DGGE 158
Diagnostik 173
   D. von Erkrankungen 173ff.
   genetische D. 200
Didesoxymethode nach
   Sanger 148
Didesoxynukleotid 150
DNA 20ff., 23f., 36, 42ff.
   Analytik der DNA 120ff.
   Analyse helikaler DNA 126
   Dokumentation und Mengen-
   abschätzung der DNA 131
   genomische DNA 136
   Gewinnung genomischer
   DNA 114ff.
   membranfixierte DNA 135
   mitochondriale DNA
   (mtDNA) 39
   Replikation von DNA 21
   Sequenzierung der DNA 21
   Untersuchung von DNA 68f.,
   114ff.

Vermehrung von DNA 117ff.
DNA, chromosomale 64
DNA-Chip 155, 168f.
DNA-Fragmente 124
DNA-Isolierung 114ff.
DNA-Isolierungsroboter 115
DNA-Klonen 117
DNA-Längenstandards 126
DNA-Leiter 126
DNA-Moleküle
   exponentielle Vermehrung 144
   ringförmige DNA-M. 39, 117
DNA-Polymerase 21, 57, 68, 140,
   148, 150ff.
DNA-Reinigung 115
DNA-Reparatursysteme 191
DNA-Sequenzen 55, 136, 139
   Vermehrung 139
DNA-Sequenzanalyse 152
DNA-Sequenzierung 148ff.
DNA-Sonden 112, 132f., 135,
   137f.
   Markierung der DNA-S. 138
DNA-Stränge 134
DNA-Struktur 44
   direkte Untersuchung der
   DNA-S. 120
   DNA-Strukturanalysen 121
DNA-Synthese 68, 143, 191
DNA-Transfer 137
dNTP (deoxy-Nukleosidtri-
   phosphat) 151
Doppelhelix 20f., 42ff.
Doppelhelix-Struktur 120
Doppelmembran 35, 37f.
Doppelstrang-Struktur 36
downstream 77, 83
D-Schleife 56

Einzelstrang (DNA, RNA) 132
   komplementärer E. 132
Elektro-Blot 137
Elektronenmikroskopie 121
Elektrophorese 124ff., 136, 143
Elektrophoreseapparatur 127
Elektrophoresebedingungen 125
Elektrophoresegel 126
elektrophoretische Unter-
   suchung 124, 183
Elongation 75, 79, 81f., 85f.
Endonukleasen 122

Endoplasmatisches Retikulum 31,
  36f.
    aribosomales ER 37
    raues endoplasmatisches Reti-
    kulum (RER) 37
Endosomen 31, 40
Endosymbiontentheorie 28
Endosymbiose 28
Enhancer 83f.
Entwicklung diagnostischer, prä-
  ventiver und therapeutischer
  Methoden 205
Entwicklung neuer Diagnostika
  und Medikamente 204
Erbeigenschaften eines Organis-
  mus 175
Erbgesetze 18f.
Erbkrankheiten 173
    monogenetische E. 174
    polygenetische E. 174
Erkennungssequenz 122
Erkrankungen
    angeborene E. 173, 185ff., 198
    autosomal rezessive E. 188f.
    ererbte E. 177
    im ungeborenen Lebewesen
    spontan entstandene Fehler in
    der Erbmasse 174
    multifaktorielle E.189
        genetische Faktoren 189
        externe Faktoren 189
    polygenetische E. 189f.
Ethidiumbromid 128f.
ethische Aspekte 199ff.
Eukaryoten 27ff.
Exons 91
Exonukleasen 122
exponentielle Phase 146
Expressionsanalysen 167ff.
Expressionsprofilierung mittels
  DNA-Chip 168
Extension 141ff.
Extraktion 115
Extraktionssysteme, automati-
  sierte 115

Faktor-IX-Gen 185
Faktor-V Leiden-Mutation
  Nachweis 190
Faktor-VIII-Gen 185
Faktor-VIII-Spiegel 186

Familienanalysen 189
Fehlfunktion 173
FISH 112f.
    FISH-Analyse 112
    FISH-Technik 113
Fluoreszenz 130, 147, 184
    F. in situ-Hybridisierung
    (FISH) 112f.
Fluoreszenzfarbstoff 128f., 167
Fluoreszenz-Resonanz-Energie-
    Transfer (FRET) 148f.
Fluoreszenzsignal 167ff.
Folgestrang 69
forward primer 143, 166
fötales Material 114
Fremd-DNA, eingeschleuste 117ff.
FRET 148, 160
Funktion eines Gens 173
FV Leiden 190

G0-Phase 63
G1-Phase 63f.
G2-Phase 63f.
Geldicke 127
Gele 124
Gelelektrophorese 143, 158, 181
Gelfasern,Maschenwerk von 124
Gelstruktur 124
Gene 54, 157, 162
Genabschnitt 134
Genanalysen 173
    Durchführung von G. 199ff.
Gen-Chip-Technologie 94
Gene Arrays 167
genetische Analysen 189
genetische Veränderungen 191
genetischer Code 21, 95f.
genetischer Fingerabdruck 158
Genexpression 73ff.
    Veränderung der G. 168
Genkonversionen 192
Genom 22, 27, 139, 174f.
Genomanalyse 169
Genomintegrität 193
Genotyp 175
Genotypisierung 156ff., 190
    Anwendungsgebiete 157
Genregulatorproteine 84
Genrepressorproteine 84
Gensonde 132
Gentechnikgesetz (GTG) 199ff.

Gentests 178f.
Genverlust 192
Gesamtsequenz 169
Geschlechtschromosomen 109
Gesetze 199
gesetzliche Rahmenbedin-
    gungen 198
Gesundheitsvorsorge 180, 202
Gewebebiopsien 114
Gewebeproben 169, 205
Gewinnung genomischer
    DNA 114ff.
Gleevec® 194
Glykoproteine 26
Golgi-Apparat (Golgi-Kom-
    plex) 31, 39f.
Größenbestimmung 126
GTG 199
Guanin (G) 46

Haare 114
Hämophilie 185ff.
    mittelschwere bis leichte
    H. 186
    schwere H. A 186
Hayflick Limit 57
Helix 50
Heteroduplex-Analysen 158
heterozygot 55
Histone 51
Homöostase 61
homozygot 55
Human genome project 174
Hybridisiersonden 160, 184
Hybridisierung 112, 132f., 137,
    138, 148, 154, 159, 167
    allelspezifische H. 183
Hybridisierungsbedingungen 155,
    159
Hybridisierungsmethoden 132ff.,
    159
Hybridisierungsprinzip 189
Hybridisierungstechnik 132
    Nachweis struktureller Ver-
    wandtschaft 132
Hybridisierungstemperatur 132
Hybridisierungsvorgang 138

Identifikation spezifischer Merk-
    male 173
Identifikation von Genen 175

Identifikation von Sequenzvaria-
    tionen 182
in silico-Berechnung 169
Inhibitorentwicklung 186
Initiation 75
Interkalation 129
Interphase 63
Introns 87
    Intron 22 186
Inversion 186
Island Genome Projekt 16f.
Isoformen 94

Kapillar-Blot 137
Karyogramm 110ff.
Karyotyp 109
Karyotypisierung 109
Kathode 125
Keimbahnmutation 199
kernhaltige Zellen 114
Kernporen 35
Kettenabbruch-Synthese 148
Kinetochoren 54
klinische Praxis 203
Klonieren 122
    Prinzip des K.s 119
Knochenmark 194
Knochenmarktransplantation 194
Kondensation 53
Konsensussequenzen 77
Kontaminationen 145
Kontrollsysteme zur Qualitäts-
    überprüfung 181
Krankheitsrisiko 178, 202
Krankheitsvermeidung 202
Krebserkrankungen
    hereditäre K. 192f.
    molekulare Ursachen 190ff.
Krebsgen 193
Kriterienkatalog 202
kurzer Arm p 54

Labordiagnostik, molekularbiolo-
    gische 181ff.
Längenpolymorphismen 157
Längenunterschiede 125
langer Arm q 54
Leitlinien 199
Leitstrang 69
Leserahmen 96
LightCycler®-Methode 147ff.

Linkage Analyse 176, 187f.
log-lineare Phase 146
Long-Range-PCR 187
Lösung ethischer Fragen 203
Lysosomen 31, 40

MagNA Pure LC® DNA-Isolie-
    rungssystem 116
Magnesium 140
Magnetic beads 115
major groove 48
Marker
    Einsatz von M. 187
    F VIII-Gen assoziierte M. 187
Matrizenstrang 76f.
medizinische Forschung 205
Meiose 65ff.
Menge der einzelnen Probe 205
messenger RNA (mRNA) 89, 162
Metaphase 65, 110
Methionin 95, 97, 101ff.
Methoden
    chemische M. 121ff.
    enzymatische M. 121ff., 159
Microarray 154, 167
Microarrayanalysen 181
Microarray-basierte Verfahren 189
mikro RNA (miRNA) 104f.
Mikrochips 167ff.
minor groove 48
miRNA (Mikro RNA) 104f.
mitochondriale DNA
    (mtDNA) 39
Mitochondrien 31, 37ff.
Mitose 63, 65
molekularbiologische Techni-
    ken 173
Molekulargenetik 15f.
Monosomie 109
M-Phase 63
mRNA 42, 74, 86f., 90f., 162f.
mtDNA 39
Mukoviszidose 188
Mullis, K. 21, 139
Multi-Colour-FISH 113
Mutation im Gerinnungs-Faktor-
    V 190
Mutationen 55, 156, 181, 184, 186
    große 176
    Nachweis von M. 134, 182ff.,
    189

Nebenprodukte, unerwünsch-
    te 145
Northern Blot 163
Nukleasen 40, 115, 122
Nukleinsäureanalysen 173ff.
    Diagnostik von Erkrankun-
    gen 173ff.
Nukleinsäureextraktion 116
Nukleinsäureisolierung 114, 140
Nukleinsäuren 115f., 124f., 128ff.,
    159
Nukleinsäuresequenzen 112, 132
Nukleinsäureuntersuchung 114
Nukleoid 27
Nukleosom 51
Nukleotide 42f., 140
Nukleotidsequenz 94
Nukleus 19, 35f.
numerische Veränderungen 109
Nylonmembran 136

Okazaki-Fragmente 71
Oligonukleotide 138, 154f., 159,
    167
    synthetisch hergestellte O. 167
Oligonukleotid-Primer 140
Operator 85
Operon 85
Organellen 27, 36ff.
origin of replication 60

p53 192f.
Palindrom 122
PCR 139ff., 181
    kompetitive PCR 146f.
    PCR mit RNA 163ff.
    Probenvorbereitung 140
    qualitative PCR 139ff.
    quantitative PCR 145ff.
    Technologie 139
PCR-Amplifikation 140, 146, 152
    PCR-A. aus cDNA 166
PCR-Analysen 143f.
PCR-gekoppelte Analysen 159
PCR-Reaktion
    molekulare Abläufe 141
PCR-Varianten 139
PCR-Zyklus
    Temperaturverlauf 144
Peroxisomen 31, 40
Phänotyp 176f.

Philadelphia Chromosom 194
Plasmide 59f., 117f.
Plateauphase 146
Polyacrylamid Gelelektropho-
    rese 127ff.
    hochauflösende P.G. 127
Polyacrylamidgele 125, 128f.
Polyadenylierung 90
poly-A-Schwanz 90, 162
Polymerase Kettenreaktion
    (PCR) 139ff.
Polymerasereaktion 151
Polymerisation, Abbruch der 150
Polymorphismen 157, 176, 187
Populationsgenetik 15f.
Präanalytik 181f.
prädiktive Aussagen 173
prädiktive genetische Tests 203
Prädisposition 192
Prädispositionsanalyse 198
pränatale Untersuchung 198
Prävention 180
Präzipitation 115
    Ethanolp. 115
    Isopropanolp. 115
Pribnow-Box 77f.
primäres RNA-Transkript 87
Primer 68, 140ff., 148, 154, 164
Primersequenz 145
Proben von Spendern 204
Probenvorbereitung (PCR) 141
Processing 87
Prokaryoten 27ff., 79, 85
Proliferation 190
Proliferationsprozesse 191
Prometaphase 65
Promoter 77f.
Prophase 65
Prophylaxe 180
Proteinbiosynthese 94
Proteine 26
    Ausfällen der P. mit
    Phenol 115
(Proto-)Onkogene 191
Pulsfeld Gelelektrophorese 128
Punktmutationen 176
Purinbasen 45
Pyrimidinbasen 45f.
Pyro-Sequencing 184

Qualität der einzelnen Probe 205

Qualitätskontrollen, interne 182,
    198
Qualitätskontrollprogramme 182
Qualitätssicherung 178f.
    Vorgaben zur Q. 182
Qualitätssicherungsprogramme,
    externe 182, 198
Quantifizierung
    Q. von DNA-Abschnitten 145
    direkte Q. 146
quantitative Reverse Transkriptase
    PCR 194

Rahmenbedingungen 199
„random primer"-Methode 164
Raumtrennung 145
RB1-Gen 192
Real-Time-(Echtzeit)-PCR-Me-
    thoden 145, 147, 159, 184
Real-Time-PCR 147, 160, 167, 181
rechtliche Rahmenbedingun-
    gen 199ff.
Reduktionsteilung 65ff.
Reduplikation 67
Rekombinationen 192
Renaturierung 48
repetitive Anordnung 158
Replikation 52, 67ff.
    selbstständige R. 117
    semikonservative R. 68
Replikationsgabel 68
Repression 85
Resistenzgene 117
Restriktionsendonukleasen 122, 124
Restriktionsenzyme 122ff., 134,
    136, 183
Restriktionsenzym-Schnitt-
    stelle 183
Restriktionsfragment Längen-Po-
    lymorphismen 183
Restriktionslängen-Polymorphis-
    mus (RFLP) 183
Retinoblastome 192
reverse primer 143
Reverse Transkriptase 58, 163
Reverse Transkription 74, 164
Reverse Transkriptions-PCR 164
rezessiver Erbgang 179
RFLP 183
Rho-Faktor 88
Ribonukleasen 162

Ribonukleinsäure (RNA) 75
Ribose 45
ribosomale RNA (rRNA) 41, 164
Ribosomen 31, 41f., 98ff.
Ribozyme 42, 100
RNA 75, 128, 162ff.
    Analyse von RNA 163f.
    Gewinnung von RNA 162
RNA-Isolierungsverfahren 162
RNA-Polymerasen 75, 78ff.
RNA-Spleißen (RNA
    Splicing) 90ff.
Röntgenstrukturanalyse 120f.
rRNA 41, 162
RT-PCR (Reverse Transkriptions-
    PCR) 164f.
    qualitative RT-PCR 166
    quantitative RT-PCR 167

S/D-Sequenz 101
Sammlungen von Proben mensch-
    licher Körpersubstanzen 204
Schmelzkurve 159
Schmelzkurven-Analyse 159ff., 184
Schmelzpunkt 134
Seneszenz 57
sense strand 76
Sequenzanalysen 152f.
Sequenzänderungen 110, 191
Sequenzchip 155
Sequenzierung 154f., 156, 158,
    174, 181f.
    S. durch Hybridisierung am
    Mikrochip 154
Sequenzinformation 148
Sequenzvarianten 159
Shine-Dalgarno-Sequenz 101
short tandem repeats (STRs) 157
„sicky" Enden 122f.
Sigma-Faktor (σ-Faktor) 79f.
Signaltransduktionswege 191
Signalübertragung 34
Silicapartikel, magnetische 116
Single Nucleotide Polymorphism
    (SNP) 157f.
    Assoziation mit komplexen
    Erkrankungen 158
SKY-Technik 111
SNP 157f.
SNP Map Working Group 158
snRNA 91

Sonden 132f., 135, 137f.
    Locus-spezifische S. 138
    markierte S. 112
    single copy S. 138
Southern Blot 134ff.
    Methode 134f.
    Untersuchungsmaterial 136
Spectral Karyotyping 111
S-Phase 63f.
Spleißen, alternatives 93f.
Splicing-Stelle 92
Stammzellen 62
Standardisierung 198
Standards 126, 131
Startcodon 95, 101, 103
stem loop 89
Stoppcodon 95, 100f.
STRs 157
Svedberg-Einheiten 98
SYBR-Gold 129
SYBR-Green 129, 147
    Methode 149
SYBR-Safe 129
Synthese der RNA 85

t(9;22) 194
TATA-Box 78, 81f.
Techniken im medizinisch-mole-
    kularbiologischen Labor 181
Telomerase 58f.
Telomere 55ff., 111
Telophase 65
Temperatur 132, 134ff., 143f.
Termination 75, 87f.
Terminator 75
TF 79–84
TGGE 158
Thymin (T) 46
Transferapparatur 136
Transfer-RNA (tRNA) 162
Transformation 117, 190
Transilluminator 129, 136
Transkription 52, 73f.
Transkriptions-Aktivatorpro-
    teine 82ff.
Transkriptionsfaktoren
    (TF) 79–84
Transkriptom 94
Translation 74, 94ff., 99ff.
Translokation 58, 191, 194
Trennmuster 134

Trisomie 109
tRNA (transfer-RNA) 80, 97f., 162
Trypsin-Giemsa-Färbung 109
T-Schleife 56
Tumorerkrankungen 194
Tumorsuppressorgene 191ff.
    Funktionsverlust von T. 191
    p53 192
    RB1-Gen 192
Tumortransformation 191
Tyrosinkinaseaktivität 194

Überprüfung der Qualität 181
Überträgerinnendiagnostik 187
Überträgerstatus 198f.
Übertragung von RNA auf eine
    Membran 163
Untersuchungen
    genetische in vitro-Diagnos-
    tik 201
    genetische U. 200
    molekularbiologische U. 185ff.
    pränatale U. 200
    pränatale genetische U. 200
    pränatale Risikoabklärun-
    gen 200
    präsymptomatische gene-
    tische U. 200
    Reihenuntersuchungen 201
    U. von DNA 68f., 114ff.
    zytogenetische U. 200
Untersuchungen, molekularbiolo-
    gische
    erworbene Tumorerkrankun-
    gen 194
    Krebserkrankungen 190f.
Untersuchungstechniken, mole-
    kularbiologische 132f.
upstream 77f., 83
Uracil (U) 75
Ursachen von Krankheiten 204
UV-Licht 129, 149

Vakuum-Blot 137
Vektor 117

Vererbung
    dominante V. 177f.
    rezessive V. 177, 179
    X-chromosomale V. 177ff.
Vererbungslehre 16f.
Vererbungsmuster 177ff.
Vermehrung von DNA 117ff.
Verordnungen 199
Verschleppungen von PCR-Pro-
    dukten 145
Verschwiegenheitspflicht 202
Vierfarben-Fluoreszenzfarb-
    stoffe 151
Vierfarben-Fluoreszenz-Sequen-
    ziermethode 152
Viren 30
Vorbeugung 181

Wanderungsverhalten 125
Wasserstoffbrückenbindun-
    gen 132
Wildtyp (wild-type,WT) 55, 176

Zelldifferenzierung 72
Zellkern 31, 35f.
Zellmembran 31ff.
Zellproliferation 191
Zellteilung 61ff.
    unkontrollierte Z. 192
Zelltod 57, 72f.
Zellzyklus 62ff.
Zellzyklus-Kontrollpunkt 193
Zentromere 53f.
Z-Helix 50
Zufallsprimer 164
Zufallsprinzip 150, 152
Zuordnung eines Proteins zu
    seinem Gen 169
Zwillingsstudien 189
Zygote 62, 65
zystische Fibrose 183, 188f.
Zytoplasma 31, 35
Zytoskelett 31, 35

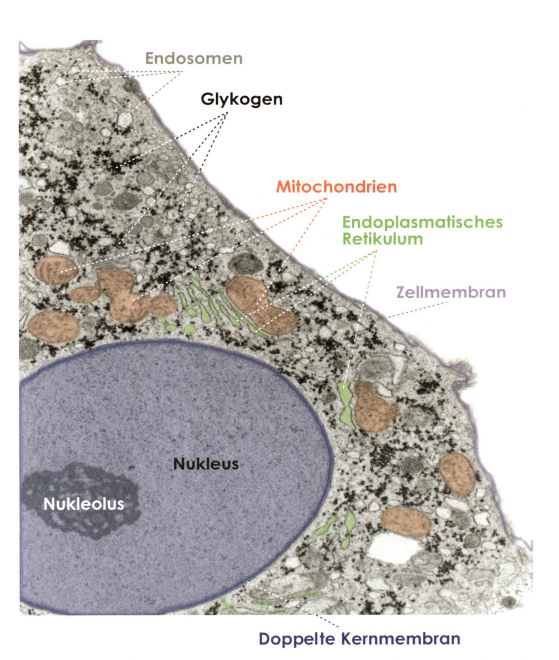

Endosomen

Glykogen

Mitochondrien

Endoplasmatisches
Retikulum

Zellmembran

Nukleus

Nukleolus

Doppelte Kernmembran

Abb. I: Elektronenmikroskopisches Bild einer Leberzelle. Zur besseren Orientierung wurden markante zelluläre Strukturen farbig hinterlegt.

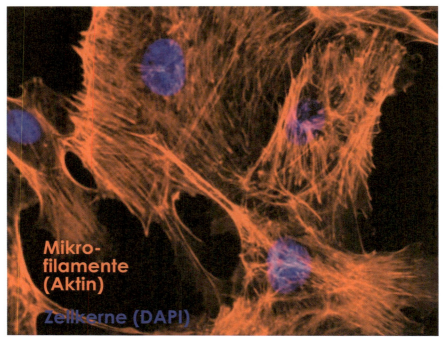

Mikro-
filamente
(Aktin)

Zellkerne (DAPI)

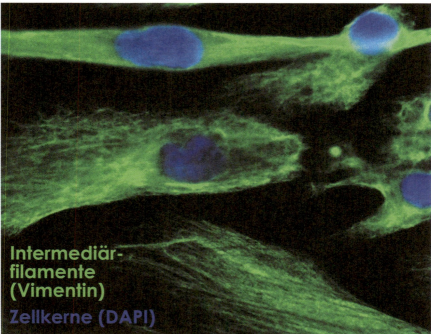

Intermediär-
filamente
(Vimentin)

Zellkerne (DAPI)

Abb. II: Zytoskelett. *Oben: Kultivierte Blutgefäßzellen wurden mit einem rot markiertem Antikörper gegen Aktin gefärbt und zeigen das charakteristische Bild netzartig angeordneter Mikrofilamente. Unten: Ein Vimentin Antikörper (grün) färbt das Intermediärfilament-Netzwerk von Bindegewebszellen (Fibroblasten).*

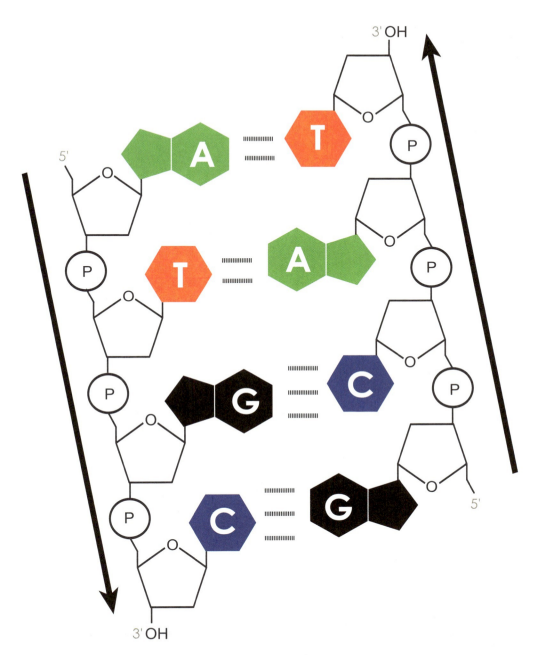

Abb. III: Molekulare Struktur eines Doppelstrang-DNA-Abschnitts. *Die Basen sind in den Farben abgebildet, die auch bei der automatischen Sequenzierung standardmäßig in der Ausgabedatei vergeben werden. Die Pfeile verdeutlichen die Antiparallelität der DNA-Stränge. Die Wasserstoffbrückenbindungen zwischen den Basen sind gestrichelt dargestellt.*

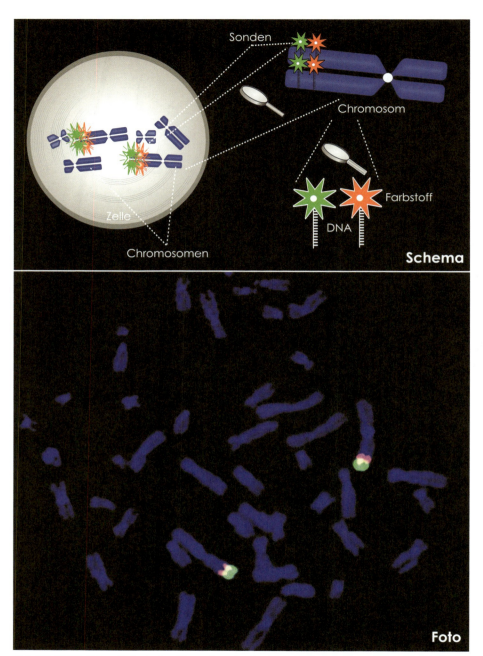

Abb. IV: FISH. *Oben: Prinzip der Fluoreszenz in situ-Hybridisierung von zwei unterschiedlich fluoreszenz-markierten Sonden (rot und grün). Unten: Fotografie eines menschlichen Chromosomensatzes im Fluoreszenz-mikroskop. Ein Chromosomensatz wurde mit fluoreszenzmarkierten Sonden hybridisiert. Die Sonden sind komplementär zu Sequenzen am Ende des kurzen Arms von Chromosom 1. Sie lagern sich bei der Hybridisie-rung spezifisch am Chromosom 1 an und „markieren" dieses. Menschen besitzen einen doppelten Chromoso-mensatz, daher sind alle Chromosomen zweimal vorhanden und die beiden Chromosomen werden sichtbar.*

Abb. V: Chromosomenfärbung mit Painting-Sonden. *Jede Painting-Sonde trägt einen unterschiedlichen Fluoreszenzfarbstoff und erkennt spezifische Nukleinsäureabschnitte. Bei der Hybridisierung werden die komplementären Nukleinsäuren erkannt und angefärbt. Durch die Mischung der Sonden werden die Chromosomen bunt angefärbt.*

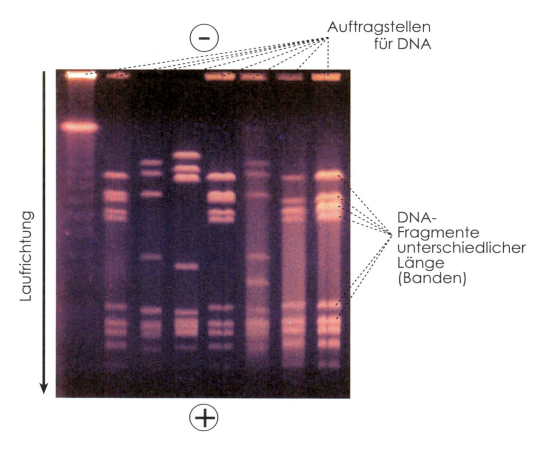

*Abb. VI: **Agarosegel mit verschiedenen DNA-Proben.** Das Gel wurde mit Ethidiumbromid befärbt und nach Anregung mit UV-Licht fotografiert.*

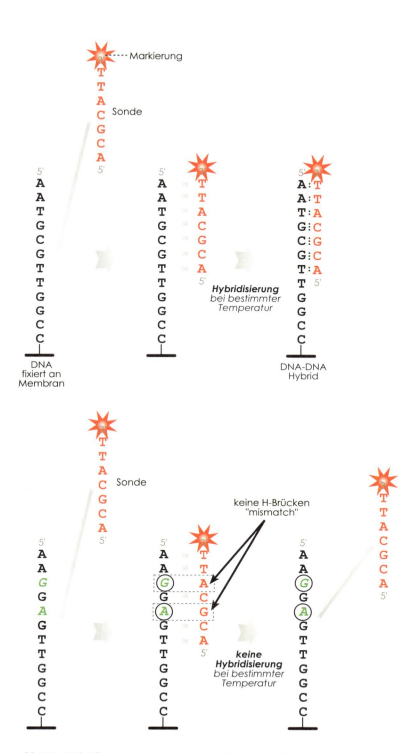

Abb. VII: Hybridisierung mit einer rot markierten Sonde

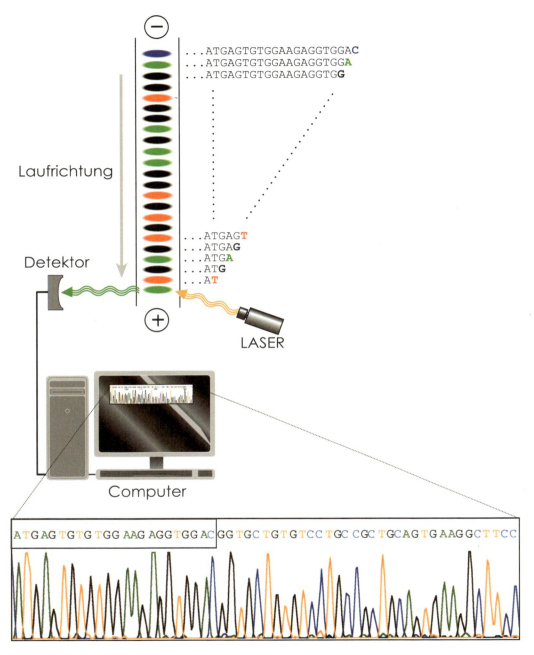

Abb. VIII: Prinzip des Cycle-Sequencing